LES BEAUTÉS

DE LA NATURE.

La Nature parmi tous les élémens.

LES BEAUTÉS
DE LA NATURE,

OU

DESCRIPTION

DES ARBRES, PLANTES, CATARACTES, FONTAINES, VOLCANS, MONTAGNES, MINES, etc., LES PLUS EXTRAORDINAIRES ET LES PLUS ADMIRABLES, QUI SE TROUVENT DANS LES QUATRE PARTIES DU MONDE ;

PAR M. ANTOINE.

Ouvrage orné de six Gravures.

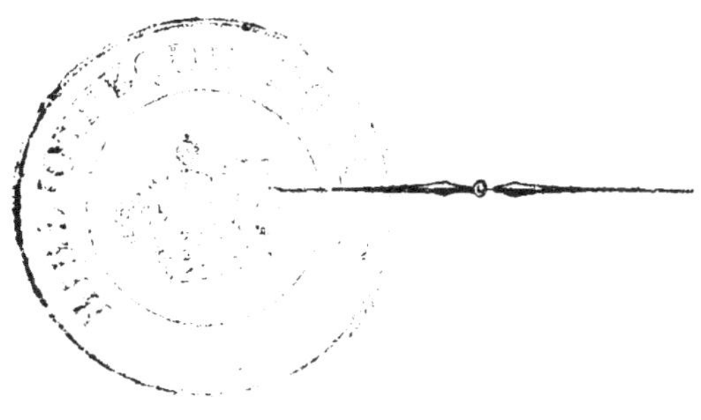

PARIS,

RORET, LIBRAIRE, RUE HAUTEFEUILLE, AU COIN DE CELLE DU BATTOIR.

1828.

IMPRIMERIE DE CRAPELET,
rue de Vaugirard, n° 9.

INTRODUCTION.

———

$\mathbf{D}$ans une belle journée d'été, M. Valmont ayant mené sa petite famille promener dans la campagne, on avoit visité les carrières des plaines de Montrouge, puis côtoyé la petite rivière de Bièvre, et l'on étoit revenu par le jardin des Plantes, où l'on se reposoit sous le majestueux cèdre du Liban, qui couvre de ses longs rameaux les sentiers tortueux du labyrinthe.

Ces divers objets avoient fixé la conversation sur les grottes, les cavernes, les fleuves, les arbres extraordinaires, et généralement sur tout ce que la nature a produit de plus curieux. — Cet arbre magnifique que vous admirez avec raison, dit M. Valmont, *le cèdre du Liban,* tient le premier rang parmi les végétaux les plus considérables. En 1734, Bernard de Jussieu planta celui-ci après l'avoir apporté d'Angleterre; il étoit alors si petit, qu'il le portoit dans son chapeau.

ÉMILE.

Cet arbre a par conséquent près de quatre-vingts ans; c'est un grand âge.

M. VALMONT.

Nous irons un jour promener à Versailles; je vous montrerai un oranger qui est bien plus âgé, car il a environ trois cents ans : on l'appelle *le Grand-Bourbon.*

CÉLESTE.

Trois cents ans! Je n'aurois pas cru qu'un arbre existât si long-temps.

M. VALMONT.

On voit dans la principale cour de l'hôtel de ville de Fribourg en Suisse, un tilleul qui, si l'on en croit la tradition, fut planté le jour même de la bataille de Morat, gagnée par les troupes confédérées de la Suisse il y a plus de trois cents ans. Pline rapporte que, de son temps, on voyoit encore des oliviers que le premier Scipion-l'Africain avoit plantés : si le fait est exact, ces oliviers avoient près de trois cents ans ; on cite des arbres qui ont subsisté bien davantage encore. La plupart des peuples, les Persans surtout, ont le plus grand respect pour les vieux arbres. Il y avoit un de ces arbres autrefois à Chiras, qui étoit d'une grosseur extraordinaire, et qu'on assuroit avoir plusieurs siècles : les personnes religieuses alloient prier auprès de cet arbre comme dans un lieu saint ; il étoit continuellement chargé de divers habillemens, qu'on prétendoit bénis quand ils avoient été vingt-quatre heures sur ses branches ; les malades ou leurs gardes venoient y brûler de l'encens et des aromates, espérant que cet arbre feroit recouvrer la santé. On voit en différens lieux de la Perse, de ces vieux arbres que le peuple révère, et qu'il nomme *arbres excellens* : ils sont lardés de

clous, où l'on suspend des vêtemens et des cassolettes remplies de
parfums.

Ces détails, et plusieurs autres
sur différentes productions merveilleuses de la nature, avoient vivement excité la curiosité des deux
enfans ; de retour à la maison, ils
pressoient encore leur père de leur
apprendre tout ce qu'il savoit sur
cet intéressant sujet.

Dans le dessein d'exercer leur
esprit sur des matières amusantes
et instructives, et de faire servir
l'attrait du plaisir à les rendre attentifs aux merveilles de la Providence, M. Valmont leur dit qu'il
avoit dans sa bibliothèque un manuscrit contenant la description de
ce que la nature offroit de plus
curieux, de plus admirable en tous

genres dans les quatre parties du monde. — Voyons-le, papa ; demanda aussitôt la petite famille.

M. Valmont alla chercher cet ouvrage, et l'apporta sur la table. — Oh ! le beau livre ! s'écrièrent Émile et Céleste en voyant la dorure qui le couvroit, et s'apercevant qu'il renfermoit plusieurs dessins. Si papa veut me le prêter, dit Céleste, je le lirai demain tout entier.

Mme VALMONT.

Vous ne songez pas, ma fille, qu'il faut, ainsi que votre frère, prendre votre leçon d'écriture, faire vos calculs, étudier votre géographie, votre musique, copier votre dessin, et que vous avez en outre votre travail à l'aiguille.

M. VALMONT.

Votre mère a raison ; il ne faut pas que la curiosité de connoître une chose nous fasse négliger nos devoirs accoutumés : d'ailleurs, ce n'est pas en lisant vite que l'on s'instruit ; il faut méditer, il faut réfléchir : une lecture faite en commun fructifie davantage ; chacun fait ses observations, ce que nous ne comprenions pas d'abord s'éclaircit, et le point qu'on a discuté se grave mieux dans la mémoire. Nous ne lirons donc ce livre que dans nos soirées, lorsque vous aurez bien fait tous vos devoirs dans le cours de la journée, et que votre mère et moi nous serons bien contens de vous. — Oh ! papa, nous serons bien sages, dirent à

la fois Émile et Céleste. M. Valmont les embrassa tous deux, puis
il ouvrit son livre. — Je vais chercher, leur dit-il, le chapitre qui
traite des arbres curieux, des plantes extraordinaires.

Le chêne d'Ullonville.

LES BEAUTÉS

DE LA NATURE.

PREMIER ENTRETIEN.

Arbres, Plantes.

M. VALMONT.

Il n'est peut-être rien de plus digne d'admiration dans les merveilles infinies dont la nature nous a environnés, que les prodiges du règne végétal. Nous avons dit que le cèdre tenoit le premier rang parmi les végétaux les plus considérables. Les cèdres du mont Liban forment sur cette montagne un bois d'environ un mille de circuit (à peu près un tiers de lieue). Le voyageur Pockoke mesura le plus rond de ces

1*

arbres, il avoit vingt-quatre pieds de circonférence; un autre, dont le tronc étoit d'une figure triangulaire, avoit douze pieds sur chaque face, ce qui fait en tout trente-six pieds de circonférence. Le P. Goujon, dans son *Voyage de Palestine*, dit qu'il en a compté dix-huit qui subsistent, suivant la tradition du pays, depuis le règne de Salomon. (Reste à savoir si cette tradition est exacte : car, en général, les choses extraordinaires sont exagérées dans les vieilles traditions de pays.) Les chrétiens des environs ont construit des autels au pied de ces gros arbres; ils s'y rendent le jour de la Transfiguration, pour célébrer la fête.

Après le cèdre du Liban, qui est l'arbre le plus majestueux, je dois vous parler du *baobab*. Cet arbre est parmi les plantes ce que l'éléphant est parmi les animaux. Son tronc n'est pas très-haut, mais il est d'une grosseur qui en fait une espèce de prodige : il y en a qui ont jusqu'à vingt-cinq pieds de diamètre. Les premières branches s'étendent presque horizontalement ; et, comme elles sont très-grosses et qu'elles ont jusqu'à soixante pieds de largeur, leur propre poids en fait plier l'extrémité jusqu'à terre, de manière que la tête de l'arbre, assez régulièrement arrondie, cache absolument son tronc, et paroît une énorme masse de verdure à demi-ronde : cette masse a quelquefois cent cinquante à cent soixante pieds d'une extrémité à l'autre. Ces arbres, originaires d'Afrique, peuvent, dit-on, subsister trois ou quatre mille ans.

ÉMILE.

Ah, mon Dieu ! c'est bien autre chose que l'oranger de Versailles. Ces arbres produisent-ils des fruits ?

M. VALMONT.

Oui ; mais ils ne sont d'aucune utilité. Ainsi le baobab n'attire les regards

et l'attention de l'homme que par l'espace qu'il occupe sur la terre ; semblable à ces grands seigneurs et à ces
princes qui n'ont que leurs titres et leur
fortune pour se faire remarquer au
milieu de la société. Les nègres font
un singulier usage de ces arbres. Lorsqu'ils commencent à se carier, ils achè-
vent de les creuser ; ils y pratiquent
des espèces de petites chambres, dans
lesquelles ils suspendent les cadavres
de ceux auxquels ils ne veulent pas ac-
corder les honneurs de la sépulture,
tels que leurs jongleurs, qu'ils mépri-
sent parce qu'ils les croient des sorciers.
Ces cadavres s'y dessèchent parfaitement, et y deviennent de véritables
momies sans aucune autre préparation.

Mais un arbre qui est un véritable
bienfait de la nature par sa prodigieuse
utilité, c'est le *cocotier*. Un voyageur
traversoit un des déserts de l'Afrique ;
la faim et la soif le tourmentoient, il
se hâtoit d'arriver à un bois de palmiers-

cocotiers qu'il apercevoit au loin : il espéroit y trouver de quoi apaiser les deux besoins qui le pressoient. Le voilà arrivé, il souffre déjà moins en entrant sous l'ombrage de ces arbres ; mais, pour comble de bonheur, il aperçoit une cabane dans ces lieux solitaires : il s'y dirige. L'hôte de ce désert le reçoit avec bonté, et le fait entrer. Je n'ai, dit-il, à vous offrir en ce moment que les productions de ces lieux. En même temps il lui présente de cette eau aigrelette et parfumée qui se trouve dans le jeune coco ; le voyageur la boit avec délices. Mais quel étoit le vase qui contenoit cette liqueur rafraîchissante ? la noix même du coco. Sa forme, toute naturelle, étoit aussi agréable que commode, et l'on eût dit qu'un peintre habile en avoit peint et verni l'extérieur.

Le solitaire fait reposer son hôte sur une natte fort douce et fort propre ; elle avoit été fabriquée avec les filamens

déliés des feuilles : on en voyoit de
semblables sur les murs de la cabane.

Le dîner ne se fit pas beaucoup at-
tendre. Le solitaire avoit du feu devant
sa demeure ; il fit cuire un chou de cocotier sous les cendres brûlantes, il le
servit ensuite sur une large feuille du
même arbre ; cette feuille tint en même
temps lieu de nappe et de plat : dans un
désert, on fait comme l'on peut. On
donna pour sauce de l'eau de la noix,
et du vinaigre aussi fourni par le cocotier. Le vin ne manqua point ; un vin
doux, parfumé, et très-propre à ra-
fraîchir la bouche desséchée du voyageur qui a traversé les sables arides.
Pour obtenir cette liqueur bienfaisante, on monte le long du tronc des
cocotiers, on coupe l'extrémité de cette
grande enveloppe où sont contenues
les fleurs ; il en coule une liqueur blanche que l'on recueille avec soin dans des
pots attachés à chacune de ces enveloppes : c'est là le vin de cocotier ; il

n'est bon que le premier jour ; le lendemain, c'est du vinaigre qui a encore son utilité. Si l'on veut se donner la peine de le distiller, il en résulte une liqueur spiritueuse qu'on nomme *rack ;* on retire ensuite un second suc non spiritueux , qui , par l'évaporation, donne un sucre noir. Vous pensez bien que les enveloppes que l'on a traitées ainsi ne donnent point de fruit , parce que la liqueur qui devoit former le coco est épuisée.

Pour tenir lieu de pain, on servit une amande sèche. On varia les mets ; les feuilles tendres d'un autre chou furent accommodées en salade avec de l'huile et du vinaigre venant toujours de la même source : le solitaire avoit ses provisions d'avance.

Le voyageur lui marqua son étonnement de ce qu'il savoit tirer tant de parti du cocotier. « Bon ! répliqua-t-il, ma nourriture n'est que la moitié des bienfaits que m'accorde cet arbre pré-

cieux. Veuillez regarder autour de nous :
le bois dont est construite cette cabane
est tiré du tronc des cocotiers ; la cou-
verture est composée de leurs feuilles
tressées ; comme je manquois de clous,
j'ai attaché les morceaux de la charpente avec de fortes cordes de cette espèce de bourre ou filasse naturelle qui
entoure la noix. Mes habits viennent
du même endroit ; cette natte fine qui
entoure mes reins, est fabriquée avec
la matière que j'emploie pour faire mes
cordes et mes ficelles. Cette grande
feuille que vous voyez là, me sert de
parasol dans les beaux jours, et me ga-
rantit de la pluie pendant la mauvaise
saison. Ce réseau qui pend à la muraille, et qui me sert à passer l'eau qui
contient des ordures, est un tamis naturel qui se trouve à la partie de l'arbre
d'où sortent les branches feuillées ; je
n'ai que la peine de l'enlever. Enfin, la
Providence, qui semble prodiguer tout
ce qui est utile, a voulu que le coco-

tier, qui seul peut fournir aux premiers besoins de l'homme, donnât ses fruits deux ou trois fois chaque année : remercions-la pour le repas qu'elle vient de nous apprêter dans ce désert. »

Tout en conversant, la nuit vint : le solitaire alluma sa lampe ; c'étoit une coquille de coco, et la mêche étoit faite de la bourre qui l'avoit entourée. Pour prendre le repos de la nuit, on se coucha sur une natte de feuilles. Au matin, le solitaire prépara pour le voyageur un vase de lait d'amandes, dans lequel il fit dissoudre un peu de ce sucre noir dont je vous ai parlé. « Pendant que vous déjeûnerez, lui dit-il, je vais écrire une lettre que je vous prierai de remettre à un de mes amis qui demeure dans la ville où vous vous rendez. » Comme il n'avoit point de papier, il prit un morceau de feuille sèche, il écrivit dessus avec facilité, et n'omit rien de ce qu'il avoit à dire à son ami éloigné. Le voyageur partit ensuite, remerciant l'industrieux solitaire de sa bienveillante hospitalité, et admirant les innombrables ressources de la nature.

CÉLESTE.

En effet, le cocotier est vraiment un arbre admirable!

M. VALMONT.

Dans les Indes, le figuier jette de fort grandes branches, dont les plus basses se courbent tellement vers la terre, qu'elles s'y enfoncent et prennent racine dans l'espace d'un an; de sorte que ces jeunes provins, placés en rond à l'entour du tronc principal, forment une voûte ou arcade du coup d'œil le plus agréable, tant au dehors qu'au dedans. Les bergers se tiennent l'été dans cette enceinte, qui, indépendamment de l'ombre qu'elle leur procure, leur sert aussi de retranchement pour leur sûreté. Les branches supérieures du figuier-mère se portent vers le haut, et font une petite forêt. Les principaux de ces arbres ont jusqu'à soixante pas de tour ; ils firent l'admiration d'Alexandre-le-Grand lorsqu'il entra en vainqueur dans les Indes.

Dans les montagnes de la Jamaïque, il y a le *lagetto,* arbrisseau dont les feuilles ressemblent à celles du laurier. L'écorce extérieure est dure et brune. Ce qu'il offre de surprenant, c'est que l'écorce intérieure est composée de douze ou quatorze couches qu'on sépare très-facilement en autant de pièces de toile ou d'étoffe. La première de ces couches, qui vient après la grosse écorce, forme un drap assez épais pour faire des habits ; les suivantes ressemblent à du linge, et servent à faire des chemises. Les écorces intérieures des plus petites branches sont autant de gazes et de dentelles très-fines, et s'étendent et se resserrent ainsi qu'un réseau de soie. Dans les Antilles, on emploie cette écorce par curiosité ; on en fait des cocardes, des manchettes, des voiles, des garnitures de robes. Pour les blanchir, il suffit de les agiter dans de l'eau de savon. Le chevalier Sloane dit, dans ses *Mémoires*, que Charles II, roi de la Grande-Bretagne, se paroît souvent d'une cravate de dentelle de lagetto, dont on lui avoit fait présent. Je vous montrerai un fichu de cette espèce au cabinet d'histoire naturelle du jardin des Plantes.

Le fruit de l'*arbre à suif*, qui croît naturellement à la Chine, étant broyé, forme une pâte avec laquelle on fait de bonnes chandelles. Je vous ferai voir des bougies provenant du fruit du *cirier*, arbre de l'Amérique.

Si je voulois vous entretenir de tous les arbres d'une merveilleuse utilité, je vous citerois le *palmier-dattier*, l'*arbre à pain*, le *shéa* ou l'*arbre à beurre*, le *savonnier*, etc.; mais je ne veux vous parler maintenant que des arbres de-venus curieux par une végétation extraordinaire, et, pour ainsi dire, hors des lois générales de la nature.

Vous avez admiré tantôt les platanes du jardin des Plantes : les premiers arbres de cette espèce qui furent plantés à Rome, parurent si beaux, qu'on exigea pendant long-temps une rétribution de la part de tous ceux qui venoient s'asseoir à leur ombrage ; la fureur d'en planter devint même si grande, que, pour les faire pousser plus vite, plusieurs particuliers, au rapport de Pline, essayèrent d'en arroser les racines avec du vin. Il y avoit aux environs de Vélétri un platane surprenant, dont quelques branches étoient disposées en plancher, tandis que d'autres pouvoient servir de bancs ; ce qui formoit une espèce de salle. L'empereur Caligula y donna un festin à quinze personnes ; non-seulement tous les convives étoient à l'aise, mais encore il y avoit assez de place pour que les officiers pussent faire librement le service.

L'empereur appela ce repas *le festin du nid*, parce qu'il l'avoit donné sur un arbre.

ÉMILE.

Cela devoit être bien curieux à voir?

M. VALMONT.

Eh bien, mes enfans, remplissez exactement tous vos devoirs cette semaine, et dimanche prochain je vous ferai dîner dans un arbre.

CÉLESTE.

Comme l'empereur Caligula?

M. VALMONT.

Absolument comme lui. A Montmartre, il existe, dans le jardin d'un traiteur, un poirier qu'on a appelé *le poirier sans pareil ;* ses branches sont si étendues et forment un tel espace au milieu, qu'on y a établi un plancher : j'y ai vu trente-deux personnes à table. On se trouve là comme dans une salle de verdure; et, dans la saison des fruits, de très-belles poires couronnent la tête des convives.

ÉMILE.

Oh, certes! je ferai tout ce qui dépendra de moi pour que tu sois content, afin d'avoir le plaisir de dîner dans cet arbre.

M. VALMONT.

Je pourrai aussi vous conduire à Grand-Mesnil, à sept lieues de Paris. Vous y verrez un charme qui a cent quarante ans, et dont les branches, sans aucun secours étranger, portent, entourent, ombragent de leur verdure une salle qui renferme une table de vingt couverts, avec les buffets et l'espace circulaire nécessaire à la facilité du service.

Continuons notre lecture. Pline fait mention d'un autre platane célèbre en Lycie. Cet arbre, d'une grosseur prodigieuse, étoit creux; on le nommoit *la Grotte végétante;* on y voyoit des bancs de mousse, sur lesquels se reposoient les voyageurs; la cîme ombrageoit un vaste terrain. Le consul Mucianus, étant gouverneur de cette province, donna un repas à dix-huit personnes dans l'intérieur de cet arbre.

CÉLESTE.

Ce platane est encore plus curieux que celui de Caligula.

M. VALMONT.

En Angleterre, dans la province de Northampton, il y a un chêne qu'on nomme *le chêne du roi Étienne;* c'est peut-être l'arbre le plus prodigieux de cette espèce qu'il y ait sur la terre, par la grosseur de son tronc et la hauteur de sa tige, par l'étendue de ses branches et l'épaisseur de son feuillage : il peut couvrir de son ombre plus de quatre mille personnes.

ÉMILE.

Quatre mille personnes!

M. VALMONT.

On assure que ce chêne a plus de six cents ans ; et je le crois, d'après sa dénomination de *chêne du roi Étienne,* laquelle semble supposer qu'il existoit du temps de ce prince qui vivoit en 1140. Dans le même royaume, on a vu un orme creux qui servit long-temps d'habitation à une pauvre femme, qui s'y retira d'abord pour y faire ses couches. Il y avoit à Strasbourg un arbre qu'on appeloit *l'arbre vert* ; il a donné son nom à la promenade où il se trouvoit placé. On pouvoit dresser à son ombre plus de vingt tables de quatre couverts chacune : cent personnes environ pouvoient donc tenir commodément à table sous cette espèce de tente naturelle. Dans les fêtes publiques, on étayoit les premières branches de cet arbre, sur lesquelles on établissoit un plancher ; et j'ai vu les Strasbourgeoises valser dans cette salle d'une nouvelle espèce,

2

Je vous mènerai aussi à Saint-Gratien ; dans ces lieux honorés par le souvenir de Catinat, nous visiterons un arbre qu'on y conserve précieusement, et sous lequel venoit, chaque matin, s'asseoir cet illustre guerrier. Rey raconte, dans son *Histoire des Plantes*, que l'on voyoit de son temps, en Westphalie, un chêne d'une grosseur prodigieuse, qui étoit creux, et où l'on faisoit monter par l'intérieur un soldat que l'on y plaçoit en faction comme dans une tourelle.

CÉLESTE.

Il est bien singulier de voir un arbre servir comme de donjon d'une citadelle.

M. VALMONT

On en a vu servir de chapelle. Il y avoit en France le *chêne d'Allonville,* dont le tronc formoit une grotte spacieuse. On y voyoit une chapelle où un ermite disoit la messe, et qui pou-

voit contenir deux personnes, outre le
célébrant et celui qui répondoit. Au-
dessus du tronc, ce chêne avoit jeté
des branches très-étendues, et l'ermite
s'étoit construit là une chambre qui
contenoit un lit, une table et deux
chaises. A Pontoise, on voit un mûrier
fameux, dans l'intérieur duquel on a
construit une cabane à quatre étages.
Le P. Joseph Romain, dans son *Histoire de la Franche-Comté*, parle
d'un sapin extraordinaire du bois de
Gillié, près de Morteau. « Cet arbre,
dit-il, l'un des plus gros de la forêt,
s'élève d'abord jusqu'à la hauteur de
trente pieds; ensuite il se partage en
sept branches, chacune desquelles est
comme le tronc d'un sapin de grosseur
médiocre. Dans le lieu de leur naissance ou de leur division, il a crû un
arbre d'une autre espèce, d'un pouce
de diamètre à peu près : il s'élève de
fort bonne grâce, à mesure que l'écart
des branches lui donne plus de liberté.»

2.

Il existe dans le parc de la ménagerie de Berlin un chêne creux, que le peuple révère comme un arbre sacré. Un ermite y avoit établi sa demeure ; il n'y a pas long-temps qu'il fut reconnu que cet hypocrite sortoit de cette retraite pour attaquer et dépouiller les passans : depuis le mois de novembre 1812, l'ermite n'y est plus, mais l'arbre y est toujours.

Dans le village de Fouillebec, département de l'Eure, on voit un if dont le tronc a vingt-un pieds de pourtour ; sa grosseur prodigieuse et sa solidité extraordinaire suffisent pour soutenir le chœur d'une église à laquelle il est adossé, et qui s'écrouleroit dans un profond ravin si l'arbre ne lui servoit pas d'appui. Sur la route de Honfleur on voit, à côté d'un moulin, un osier ayant près de neuf pieds de contour, trente-un pieds de tige jusqu'aux branches, et environ cinquante-six pieds avec le couronnement.

L'été prochain, nous devons aller à Villers-Cotterets ; eh bien, je vous ferai voir la *salle des Douze-Frères :* c'est un joli cabinet de verdure qu'on a nommé ainsi, parce qu'une seule souche a produit douze rejetons, qui sont sortis de terre à une assez grande distance les uns des autres pour former une salle ronde, comme si on les eût plantés exprès. La forêt de Villers-Cotterets faisoit partie des apanages du duc d'Orléans ; la beauté et la singularité de la *salle des Douze-Frères* avoient engagé le prince à la choisir pour son rendez-vous de chasse. Je vous ferai voir aussi un arbre pittoresque qui se trouve dans le jardin de Moulin-Joli, près Argenteuil, à deux lieues et demie de Paris, sur les bords de la Seine. A peu de distance d'un vieux saule, qui paroît avoir vu se renouveler plus d'une fois les habitans de ce rivage, se trouve une espèce de cabinet en saillie sur le courant de l'eau :

il est fabriqué dans un arbre dont la cime, composée de branches disposées en rond, fit naître l'idée d'en former un petit réduit solitaire. On y est entouré de rameaux qui couronnent l'arbre et qui servent d'appui de tous côtés en ne laissant de libre que l'espace nécessaire pour s'y placer. Des deux côtés du siége de ce petit belveder, si propre à la méditation, semblent s'approcher deux branches pour qu'on lise ce qui est tracé sur leur écorce. L'une, dans l'incertitude de la situation où peut se trouver celui à qui elle parle, s'exprime ainsi :

> De ce riant séjour, de ce paisible ombrage
> Éprouvez les charmes secrets :
> Infortunés, retrouvez-y la paix ;
> Heureux, soyez-le davantage.

L'autre prend un ton plus réfléchi :

> Consacrer dans l'obscurité
> Ses loisirs à l'étude, à l'amitié sa vie,
> Voilà les jours digne d'envie :
> Être chéri vaut mieux qu'être vanté.

CÉLESTE.

Oh, papa ! je ne te laisserai pas oublier de nous mener visiter ces arbres.

M. VALMONT.

Un effort bien marqué de la nature
dans une production végétale, se re-
marquoit dans le *vieux châtaignier*
de Tetworth, en Angleterre, province
de Glocester : on le voyoit encore en
1758. Son tronc avoit cinquante-un
pieds de circonférence ; il avoit seulement sept à huit pieds de hauteur. A sa
couronne, cet arbre se partageoit en
trois branches, dont l'une avoit vingt-
huit pieds et demi de circonférence sur
cinq pieds de hauteur. Il étoit situé sur
une montagne. Sous le règne de Jac-
ques Ier, cet arbre étoit déjà connu
sous le nom de *vieux châtaignier*,
et on conjecturoit, en 1758, qu'il pouvoit avoir environ dix siècles.

La conservation de la plupart de ces

vieux arbres est souvent due à quelques souvenirs qu'on aime à perpétuer.
Après la défaite de Worcester, Charles II, roi d'Angleterre, fugitif et pro-
scrit, ne se déroba aux poursuites de
Cromwel qu'en se tenant caché sur
un chêne à Shrewsbury. Devenu paisible possesseur du trône, il revint voir
le chêne dans lequel il s'étoit réfugié;
il y cueillit quelques glands qu'il planta
dans le parc de Saint-James et qu'il
alloit arroser lui-même tous les matins.
D'après cet événement, on donna à cet
arbre le nom de *chêne royal*. Il est
garanti par une muraille de briques, et
il est entouré de lauriers qu'on y a
plantés.

On voit auprès de Berlin un *arbre
historique*, aussi intéressant que curieux. Il est chargé de vers, d'inscriptions et de noms françois tracés par
les premiers réfugiés qui, à l'époque
de la révocation de l'édit de Nantes,
reçurent l'hospitalité dans le Brande-

bourg. Ces caractères, prodigieusement grossis par le temps, couvrent entièrement le tronc de cet arbre antique ; et la mélancolie touchante qui règne dans presque toutes les inscriptions, prouve assez que toutes les consolations d'une noble hospitalité ne peuvent faire oublier la patrie.

On montre près de Hambourg un arbre célèbre dont l'écorce est chargée aussi de noms et d'inscriptions, parce que le poëte Hagedorn alloit, dit-on, y méditer et composer. On l'appelle *l'arbre de Hagedorn.*

On trouve aussi près de Copenhague *l'arbre de Klopstock*, ainsi nommé parce que cet illustre écrivain se plaisoit à dormir sous son ombrage.

En Angleterre, dans la ville de Littlsfield, patrie de Samuel Johnson, on voit, près de la cathédrale, un énorme saule pleureur, planté par ce célèbre écrivain dans son enfance, et dont, pour cette cause, on prend le plus grand soin. Dans le même royaume, un ecclésiastique vint s'établir à Strafford, patrie de Shakespeare ; il acheta la maison et le jardin de ce poëte tragique, et il abattit un mûrier que Shakespeare avoit planté. Cela causa le plus grand trouble dans la ville : on pilla la maison ; le prêtre heureusement se sauva. On acheta le mûrier, et de son bois on fit des tasses et des tabatières qui se vendirent des prix considérables.

On a conservé long-temps dans le bois de Vincennes, auprès de Paris, un chêne sous lequel Saint Louis s'asseyoit pour y écouter les plaintes ou les demandes de ses sujets, et leur rendre justice ; trône champêtre et populaire, que la douce affabilité rendoit accessible de toutes parts, que le peuple en foule pouvoit entourer, et dont l'amour et la reconnoissance assuroient l'inébranlable solidité.

Nous avons, dans la vallée de Montmorency, un vieux châtaignier qu'on appelle *l'arbre de J. J. Rousseau* parce que ce grand homme venoit de préférence rêver sous son ombrage : le tonnerre en a brûlé la cîme. J'ai voulu mesurer cet arbre ; nous avons formé une chaîne de cinq personnes en nous donnant les mains ; c'est toūt ce que nous pouvions faire que d'embrasser sa base.

ÉMILE.

Il y a long-temps que tu nous promets de nous conduire dans cette vallée renommée par ses cerises. Je te prierai, mon cher papa, de nous faire faire ce petit voyage cette année ; nous le désirons d'autant plus maintenant, que nous sommes curieux de voir l'arbre de J. J. Rousseau.

M. VALMONT.

Je le veux bien ; mais le livre que j'ai sous les yeux fait mention d'arbres bien plus gros que celui-là. Je lis que Christophe Colomb et quatorze hommes qui se joignirent à lui, ne purent embrasser un arbre fameux dans l'Amérique. Au contraire, dans l'île des Barbades, une espèce d'arbre croît jusqu'à la hauteur de trois cents pieds, sans avoir plus d'un pied et demi de diamètre dans le plus épais de sa tige.

Dans notre première promenade au jardin des Plantes, je vous ferai remarquer le *cierge du Pérou*, arbre de plus de trente pieds de haut, qui est dans la même serre depuis plus d'un siècle, et n'a que quelques pieds carrés de terre pour végéter. Vous verrez aussi des feuilles de l'*arbre d'argent ;* vous admirerez leur nuance brillante : il y a, en Afrique, des forêts entières qui ont en effet l'air d'être argentées. Les feuilles du *bananier de paradis* sont d'une telle grandeur, qu'une seule suffit pour couvrir presque entièrement un homme.

CÉLESTE.

N'y a-t-il pas un arbre singulier qu'on appelle *l'arbre du diable?*

M. VALMONT.

Oui : on appelle ainsi vulgairement un arbre dont le nom est le *sablier éclatant;* il croît dans l'Amérique. Son fruit, dans l'état de maturité, est élastique; desséché par la chaleur du soleil, il se gerce, se fend avec éclat, et lance au loin ses graines : c'est à ce jeu de la nature que cet arbre doit son nom. En effet, dans le temps du développement de ses graines, le fruit produit l'effet d'une petite artillerie dont le bruit se succède rapidement, s'entend d'assez loin, et arrête le voyageur étonné.

ÉMILE.

J'ai lu une description aussi curieuse qu'extraordinaire, d'un arbre terrible qu'on appelle le *bohon-upas;* c'est

l'arbre-poison par excellence. Si vous
voulez me le permettre, je vous ferai
part de cette relation faite par un chi-
rurgien hollandois nommé Foërsch.

M. Valmont engagea son fils à leur
faire connoître ce récit. Émile alla chercher son livre, y jeta un coup d'œil, et
commença ainsi sa narration.

Selon notre voyageur, dit-il, le
bohon-upas se trouve dans l'île de Java,
à vingt-sept lieues de Soura-Charta,
résidence du sultan. Il croît parmi des
collines stériles; il exhale autour de lui
une vapeur empoisonnée qui, dans le
rayon de quelques lieues, éteint la végétation; lui seul il prospère, il peuple
ces déserts de ses affreux rejetons.
L'empereur de Java, qui attache le
plus grand prix à ce poison, accorde
aux criminels condamnés à mort l'op-
tion de subir leur supplice ou d'aller
chercher une certaine quantité du poison qui découle de l'arbre. Ce dernier
parti est ordinairement celui qu'ils choi-

sissent ; s'ils ont le bonheur de revenir , ils obtiennent leur grâce. On leur remet une boîte d'argent ou d'écaille , destinée à recevoir la gomme qu'ils doivent rapporter ; on leur donne quelques instructions sur la manière dont ils doivent se conduire dans cette dangereuse expédition. La chose qu'on leur recommande le plus est de faire grande attention à la direction du vent, et d'en prendre le dessus, pour arriver à l'arbre ; enfin, de marcher avec vitesse et d'agir avec promptitude. Ils partent ensuite pour se rendre chez un vieux prêtre malais, qui habite un lieu par où l'accès des montagnes est le plus facile. Si le vent est favorable pour entreprendre le voyage, le prêtre leur met sur la tête un long bonnet garni de deux verres vis-à-vis des yeux, et qui descend sur leur poitrine ; on leur donne aussi une paire de gants de peau. Le prêtre les accompagne jusqu'à quelque distance ; puis il leur indique une col-

line qu'ils doivent passer, et de l'autre
côté un ruisseau dont ils doivent suivre
le cours, et qui les mène au bohon-
upas : c'est là que se font les derniers
adieux. Depuis trente ans que le vieux
prêtre exerçoit son triste ministère,
sept cents criminels avoient passé par
ses mains, et il n'en étoit pas revenu la
dixième partie.

M. Foërsch ajoute qu'au mois de février 1778, il assista à l'exécution de
treize femmes du sérail de l'empereur
qui avoient été convaincues d'infidé-
lité. Vers les onze heures du matin, ces
belles infortunées furent conduites dans
une des grandes cours du palais; là,
leur juge leur prononça leur sentence,
et elles furent condamnées à mourir
de la piqûre d'une lancette trempée
dans le poison de l'upas. On avoit
planté treize poteaux élevés d'environ
cinq pieds chacun; on y attacha les
treize victimes, le sein découvert. Alors,
au signal donné, l'exécuteur, muni de

sa lancette, les piqua successivement au milieu de la poitrine : l'opération ne dura pas deux minutes ; au bout d'un quart d'heure, toutes avoient succombé.

M. VALMONT.

Cette relation est très-curieuse ; mais tous les hommes instruits regardent comme fabuleux, dans plusieurs de ses circonstances, ce rapport de M. Foërsch, cité, il y a plus de dix ans, dans la *Bibliothèque britannique*, et que tu as retrouvé dans le *Buffon de la Jeunesse*. Néanmoins, si l'existence d'un arbre semblable est enveloppée de fables, elle n'en est pas moins réelle. Un voyageur françois, récemment arrivé de l'île de Java, M. le docteur Deschamps, a vu cet arbre dans les forêts de la partie orientale de l'île ; mais son aspect n'a rien d'effroyable : il a le port et le feuillage d'un orme. Le suc laiteux qui découle de ses branches lorsqu'on les brise, est réellement un poison des plus terribles. Les malais, pour s'en servir, le mêlent avec quelques autres drogues ; ils y trempent la pointe de petites flèches de bambou, qu'ils lancent avec une espèce de sarbacane. M. Deschamps a vu tuer de cette manière un singe assis sur un arbre ; il reçut le trait empoisonné dans la partie charnue de la cuisse, il poussa un cri, et tomba mort dans l'instant : on examina la blessure, la flèche n'avoit pas pénétré d'un travers de doigt (1). M. Leschenault de la Tour a rapporté à Paris deux flacons du suc de bohon-upas, et il a fait avec cette substance plusieurs expériences sur divers animaux (2).

Nous allons parler maintenant de quelques végétaux curieux sous différens

---

(1) Deschamps, *Annales des Voyages*, I, p. 70.

(2) Malte-Brun, *Journal de l'Empire*, février 1811.

rapports. Pline dit avoir vu un arbre sur lequel on trouvoit des noix , des baies , des raisins , des figues , des poires , des grenades , et différentes sortes de pommes. En 1693, on fit voir à l'Académie une tranche du tronc d'un orme, sur laquelle paroissoit de chaque côté la figure d'une croix semblable à celle des chevaliers de Malte ; en quelque endroit qu'on coupât cet arbre , la même croix se trouvoit toujours. Dans l'Inde espagnole, on donne le nom de *bois de lumière* à une plante qui s'élève ordinairement à la hauteur de deux pieds ; la tige s'allume lorsqu'on la rompt, et elle donne une lumière aussi forte que celle d'un flambeau. La *fraxinelle* offre aussi ce phénomène curieux : si, dans une belle soirée d'été, on approche une bougie de cette plante, l'atmosphère qui l'environne s'enflamme aussitôt.

Je vous ferai voir une plante singulière à laquelle on a donné le surnom de *gobe-mouche;* en effet, si quelque insecte vient plonger dans le calice de la fleur pour en sucer le miel, on voit ses bords se resserrer et enfermer le petit larron, qui rend sa prison d'autant plus étroite qu'il se débat davantage.

Diodore de Sicile et Hérodote parlent de roseaux des Indes d'une telle grosseur, que la partie comprise entre deux nœuds servoit quelquefois d'esquif à trois hommes pour se conduire sur l'eau. Le grand Condé se promenoit souvent sur le canal du château de Chantilly, dans une pirogue ou espèce de gondole d'un seul morceau de bois d'aune creusé, où trois personnes pouvoient tenir facilement. Du temps de Pline, on voyoit dans une ville maritime de Toscane une statue de Jupiter grande comme nature, faite d'un seul cep de vigne. A Métapont, toutes les colonnes du temple de Junon étoient de bois de vigne. On voit au musée de Versailles une table

précieuse qui a appartenu au conné-
table de Montmorency ; elle a été taillée d'un seul morceau dans la souche
d'un énorme cep de vigne. L'*Histoire
de l'Académie des Sciences,* pour
l'année 1728, fait mention d'un cep
de vigne qui portoit des raisins mélan-
gés, c'est-à-dire dont une partie des
grappes étoit rouge et l'autre blanche,
Bomare a vu à Chantilly une grappe
de raisin qui offroit trois espèces de
grains différens ; il y avoit des grains
tout noirs, d'autres tout blancs, et
d'autres noirs et blancs.

ÉMILE.

J'ai lu dans l'Écriture - Sainte (1),
que Moïse ayant envoyé Caleb et Josué
à la tête d'une troupe d'Israélites pour
reconnoître le pays que Dieu avoit promis à Abraham, ils en rapportèrent
une grappe de raisin d'une telle gros-

______

(1) Les Nombres, chap. 13.

seur, qu'il falloit deux hommes pour la porter.

M. VALMONT.

Je suis bien aise, mon cher Émile, que tu me donnes cette preuve de l'attention que tu mets dans tes lectures. En 1677, on porta à la cour de Vienne un épi d'orge, curieux en ce que quatorze autres épis sortant de la même souche s'élevoient autour de lui comme un jeu d'orgues et formoient un assez beau panache ; le quinzième, qui les surpassoit en hauteur, étoit plus gros et plus fourni. Dans son poëme de *la grandeur de Dieu*, M. Dulard parle d'une touffe de froment qui contenoit trente-deux épis sortant tous du même tuyau, et on compta dans chaque épi de quarante-cinq à cinquante grains ; de sorte qu'un seul grain en avoit produit près de seize cents. La vallée d'Yen, dans le Pérou, produit des melons qui pèsent jusqu'à cent livres.

CÉLESTE.

Ces melons doivent être d'une fameuse grosseur.

M. VALMONT.

Je vais vous donner la description d'un navet bien autrement curieux, qui fut trouvé dans le jardin de Weiden, près de Juliers, sur le chemin de Bonn. Les feuilles qui sont pour l'ordinaire au haut du navet, se présentoient dressées en forme de palme, et formoient le plus beau panache. Au-dessous de ce panache, on voyoit assez distinctement une tête humaine ornée de toutes ses parties ; on voyoit au-dessous une poitrine, un sein ; et les racines étoient tellement disposées, qu'on les eût prises pour des bras et des pieds ; le tout représentoit une femme nue, assise sur ses talons, ayant les bras croisés au-dessus de la poitrine. Le *Journal des Savans*, du mois de février 1677, a fait graver la configuration de ce navet, et en a donné la description : il fut présenté à l'électeur de Cologne. M. Sigaud de Lafond en fait mention dans son recueil des phénomènes de la nature.

M. Valmont referma son livre, au grand regret de ses petits auditeurs, pour qui cette lecture avoit beaucoup de charmes. — Voilà l'heure consacrée au repos, leur dit-il; et vous savez que demain il faut se lever de bon matin, puisque nous devons aller à Saint-Cloud. Nous terminerons donc ici notre entretien sur les productions curieuses et remarquables de la végétation.

ÉMILE.

Tout ce que tu nous as cité est vraiment merveilleux, admirable, et nous fait désirer vivement de connoître les autres parties de ce manuscrit.

M. VALMONT.

Eh bien, pour vous contenter, j'em-

porterai demain ce livre avec moi ;
nous pourrons en lire quelques cha-
pitres.

CÉLESTE.

Bon ! cela doublera l'agrément que
nous nous promettons depuis long-
temps de cette partie de plaisir.

DEUXIÈME ENTRETIEN.

*Cataractes, Lacs, Iles, Sources
ou Fontaines.*

En arrivant à Saint-Cloud, M. Valmont conduisit ses enfans dans le parc,
et ceux-ci demeurèrent en extase à la
vue de la cascade du château. Ces
grandes nappes d'eau qui tombent d'un
bassin dans l'autre, ces dauphins, ces
sirènes, qui vomissent l'eau avec force,
ces jets qui se croisent de toutes parts,
offrent un coup d'œil fort agréable. Ce
fameux jet qui s'élance par-dessus les
arbres, et s'élève jusqu'à quatre-vingt-
dix pieds, émerveilloit nos petits admi-
rateurs. Que tout cela est magnifique !
s'écrioient-ils dans leur enthousiasme.
Cette cascade, leur dit M. Valmont,
est en effet une des plus belles de l'Eu-

rope ; mais ce n'est qu'une foible imitation de ces grandes chutes d'eau naturelles, telles qu'on en voit dans diverses contrées. Les cataractes du Nil, de Lauffen, de Tivoli, de Niagara, présentent des effets bien plus admirables.

CÉLESTE.

Quelle différence y a-t-il entre une cascade et une cararacte ?

M. VALMONT.

En général toutes les chutes d'eau se nomment cascades ; mais on distingue la cascade naturelle de l'artificielle : la naturelle, occasionnée par l'inégalité du terrain, prend tantôt le nom de cascade, tantôt celui de cataracte ; mais le nom de cascade convient seul à la chute d'eau artificielle, qui n'existe, comme celle qui est devant vous, que par le travail des hommes.

ÉMILE.

Sans doute, ton livre fait mention

3.

de ces merveilles; veux-tu nous donner la description de celles que tu nous a nommées?

M. Valmont, charmé du désir que lui témoignoient ses enfans, s'étant assis avec eux sur le gazon, prit son petit manuscrit, et chercha le chapitre qui traitoit des eaux. Il trouva en tête un dessin représentant la cataracte du Rhin à Lauffen, canton de Zurich, à trois quarts de lieue au-dessous de Schaffhouse : les enfans l'examinèrent attentivement. Les montagnes de la Suisse, leur dit M. Valmont, présentent un grand nombre de cataractes: celle-ci est la plus célèbre; les voyageurs qui parcourent ce pays ne manquent point de venir la visiter. La quantité d'eau qui s'y précipite, les différentes formes qu'elle prend, et le bruit qu'occasionne sa chute, suffisent pour former un grand spectacle. Mais, comme vous le voyez, les objets divers qui concourent à rendre ce lieu pittoresque, lui donnent un nouveau degré de mérite; tout s'y est réuni pour en former le plus grand et le plus superbe tableau. La cascade, vue de face, se trouve partagée en trois chutes très-considérables, par deux rochers saillans et isolés qui s'élèvent entre mille bouillons d'eaux écumantes. Le mouvement de ces eaux est prodigieux, par la hauteur d'où elles tombent, par leur grand volume, et par les différentes inégalités des rochers qui, en multipliant les chutes, occasionnent des groupes de cascades entassées les unes sur les autres; elles s'élèvent, se joignent, se séparent, et changent de forme avec une telle rapidité, que l'œil n'en peut saisir aucune. C'est par cet effet magique qu'on reste attaché comme en extase à ces sortes de merveilles, quoiqu'elles fatiguent la vue et la tête. Il s'élève du pied de la cascade une brume, un nuage d'eau raréfiée, qui est transporté par le vent comme une poussière légère, et sur lequel le soleil dardant ses rayons fait paroître des arcs-en-ciel de la plus grande beauté.

Les rochers saillans du milieu de la cataracte ont des formes singulières; ils sont minces par le bas, plus gros et plus renflés par le haut. Vous voyez, sur la droite de la cascade, un groupe de fabriques : ce sont des fonderies, des moulins, des usines entourées de charpentes, de canaux et de roues qui font jaillir les eaux de tous côtés : des arbres, des rochers, un côteau de vignes, des montagnes boisées par derrière, surmontent ces fabriques. Dans le fond, une montagne aride, en procurant un repos à l'œil par son ton bleuâtre et vaporeux, fait valoir la blancheur et le brillant des eaux, dont la vue devient insoutenable quand la lumière du soleil s'y réfléchit.

Regardez maintenant sur la gauche. Une montagne rapide s'élève fort haut, elle est couverte de différens arbres,

les eaux semblent s'élancer de son pied.
Le château de Lauffen est sur le sommet de cette montagne ; c'est un groupe de maisons et de quelques tours, ceint d'une muraille crénelée : ce château fait un fort bel effet par son heureuse position. Devant la cascade est un beau et large bassin, où les eaux tournent et reviennent sur elles-mêmes : elles semblent chercher à multiplier leur cours, et quitter à regret ce bassin.

Pour jouir en entier du spectacle des eaux, il faut suivre la rampe qui descend du château jusqu'au pied de la cataracte. Là, on a pratiqué une espèce de galerie en charpente pour en approcher plus commodément, de façon qu'on peut toucher l'eau avec la main ; un gros et immense bouillon se précipite à côté et fort au-dessus du spectateur, avec un bruit, un fracas qui étourdit. La rapidité avec laquelle l'eau passe, éblouit et fait tourner la tête. On est mal à son aise par le tremblement qu'excite sur la galerie le bruit et le courant d'air occasionnés par l'eau. On veut quitter sa place, on ne peut; on veut encore voir, se faire une idée sur la rapidité dont les eaux passent et se succèdent; on se fatigue, et l'on se retire, parce qu'on s'aperçoit qu'on est mouillé et qu'on a froid. Il est rare qu'on ne retourne pas à la même place plusieurs fois, tant ce spectacle est attrayant!

CÉLESTE.

D'après cette description, la cascade que nous avons devant les yeux ne me semble plus que peu de chose.

M. VALMONT.

Les travaux des hommes nous paroissent quelquefois étonnans, mais ils ne sont rien en comparaison des ouvrages de la nature. Parlons maintenant de la *cascade de Tivoli*, formée par une rivière que l'on appeloit *l'Anio*,

et que l'on nomme aujourd'hui *le Te-
verone*. Cette rivière arrive lentement
sur un lit égal et uni , en baignant,
d'un côté, la ville de Tivoli située sur
ses bords, et de l'autre, de grands or-
mes qui balancent sur lui leur ombrage. Il s'avance ainsi, calme, majestueux, paisible ; soudain il se brise tout
entier sur des rocs ; il écume, il rejail-
lit, il retombe en bouillons impétueux
qui se heurtent, se mêlent, qui sautent ;
il remplit un moment un vaste rocher,
d'où il se précipite en grondant. A plus
de cent toises, la poussière de ces flots
brisés arrose le voyageur curieux : elle
forme à cette distance une pluie conti-
nuelle.

Une montagne de roche , qu'on
nomme *la Grotte de Neptune*, s'a-
vance sur un abîme épouvantable, se
creuse, se voûte, et se soutient hardi-
ment sur deux énormes arcades. A travers ces arcades, à travers plusieurs
arcs en-ciel qui les cintrent en se croi-

sant, à travers les plantes et les mousses qui des hauteurs pendent en festons, on aperçoit ces flots furieux qui tombent sur des pointes de rochers, où ils se brisent encore, sautent de l'un à l'autre, se combattent, plongent, et disparoissent enfin dans l'abîme.

Ces flots, cette hauteur, cet abîme, ce fracas, ces rocs pendans en précipice, les uns noircis par les siècles, d'autres verdis par de longues mousses; ceux-là hérissés de ronces et de plantes sauvages de toute espèce; ces rayons égarés du soleil, qui se brisent, qui se jouent sur le roc, dans les eaux, parmi les fleurs; ces oiseaux que le bruit et le vent des ondes effraient et repoussent, dont on ne peut entendre la voix : tout cela émeut, trouble, enchante.

Non loin de là, les ondes, en se divisant et en sautant sur plusieurs rochers, forment plusieurs autres petites cascades, qu'on nomme *les cascatelles*. Le bruit continuel qui en résulte, joint à la fraîcheur qui s'en exhale et aux sites singulièrement pittoresques, produisent dans l'âme des spectateurs mille sentimens divers et tous agréables.

ÉMILE.

Il seroit bien intéressant de connoître par soi-même ces monumens curieux de la nature ; mais, lorsque cela n'est pas possible, il est du moins bien agréable de pouvoir s'en former une idée par le récit des voyageurs.

M. VALMONT.

Oui, mes enfans, rien de plus curieux à lire que les voyages ; ils ont souvent tout l'intérêt des fictions romanesques, sans en avoir la futilité : dans un hiver, sans quitter le coin de son feu, on peut avec ces livres faire le tour du monde.

Mme VALMONT.

Il y a dans la province où je suis née,

dans le Languedoc, aux environs de Barjac, une cataracte d'un autre genre; on l'appelle *le gouffre de la Goule*. Au milieu du plateau que forme une montagne, et dans le vallon appelé *l'enfoncement de la Goule*, on voit un bassin creusé dans la roche vive, coupé à pic ou en pente rapide, depuis les lieux les plus élevés des montagnes environnantes jusqu'au fond du bassin. Ces montagnes ont huit lieues de tour en parcourant leurs sommets, d'où partent les eaux qui vont se jeter dans le gouffre. Ces eaux, ramassées vers le gouffre dans une espèce de réservoir creusé par leur chute, tombent en forme de cataracte dans le précipice qui est de figure ovale. Une cataracte souterraine succède à la première, et une troisième à la seconde, jusqu'à ce qu'on perde les eaux de vue. On n'entend plus alors dans ces concavités qu'un bruit sourd, qui annonce des cataractes plus profondes encore.

M. VALMONT.

Le Languedoc a encore d'autres curiosités naturelles dont je vous ferai une ample description : pour l'instant, passons aux *cataractes du Nil*. Ce fleuve a trois chutes, qu'on appelle aussi *catadupes*. Je ne vous parlerai que de celle qui est au-dessus du lac Dambea. Là, le Nil tombe dans un profond abîme, d'une hauteur d'environ cent cinquante pieds : le bruit qu'il fait en se précipitant impétueusement de si haut, est entendu de trois lieues de là. Cette immense nappe d'eau, par un élan prodigieux, s'arrondit en demi-ceintre, et forme une arcade sous laquelle elle laisse un grand chemin où l'on peut passer sans être mouillé, et où il y a des siéges taillés dans le roc, pour reposer les voyageurs.

CÉLESTE.

Cela est plus curieux encore que la charpente de Lauffen.

M. VALMONT.

Des gens du pays donnent ici aux voyageurs un spectacle plus effrayant encore que divertissant. Ils se mettent deux dans une petite barque, l'un pour la conduire, l'autre pour vider l'eau qui y entre. Après avoir long-temps essuyé la violence des flots agités, en conduisant toujours avec adresse leur petite barque, ils se laissent entraîner par l'impétuosité du torrent qui les pousse comme un trait du haut de la cataracte. Le spectateur tremblant croit qu'ils vont être abîmés dans le précipice où ils se jettent ; mais le Nil, rendu à son cours naturel, les remonte sur ses eaux tranquilles et paisibles.

Le *Tigre*, fleuve de la Turquie d'Asie, dans une partie de son cours, est d'une rapidité extrême, et forme aussi des cascades. Les mariniers font une espèce de radeau avec des branches d'arbres ; ils y placent des outres pleines

de vent bien serrées les unes contre les
autres, et qu'ils couvrent de feutre ;
après y avoir attaché leurs marchan-
dises, ils s'abandonnent dans leurs na-
celles, et se laissent tomber du haut
des cascades aussi légèrement que les
Égyptiens qui descendent les cataractes
du Nil.

Mais toutes ces cataractes n'approchent pas de la magnifique chute appelée le *saut du Niagara*, sur les
limites qui séparent les États - Unis
d'Amérique du Haut - Canada. Cette
chute est d'un effet prodigieux, tel
qu'on n'en voit point de semblable
dans tout l'univers. Ce n'est pas de l'a-
gréable, ni du sauvage, ni du roman-
tique, ni du beau même, qu'il faut y
aller chercher ; c'est du surprenant, du
merveilleux, de ce sublime qui saisit à
la fois toutes les facultés, qui s'en em-
pare d'autant plus profondément qu'on
le contemple davantage, et qui laisse
toujours celui qui en est saisi dans l'im-

puissance d'exprimer ce qu'il éprouve.

La rapidité du courant commence à se faire sentir plusieurs milles avant le lieu même de sa chute : il faut ne pas quitter le bord du fleuve ; on seroit, sans cette précaution, promptement conduit dans les courans, qui entraînent irrésistiblement dans le gouffre tout ce qui les approche. A quelque distance, le fleuve, large de trois milles (une lieue environ), se resserre promptement ; la rapidité de son cours, déjà considérable, redouble encore et par la grande inclinaison du terrain sur lequel il coule, et par le rétrécissement de son lit. Bientôt la nature de ce lit change ; c'est un fond de roc, dont les débris amoncelés ne présentent des obstacles à ces eaux impétueuses que pour en augmenter la violence. Une chaîne de rocs très-blancs s'élève ici aux deux côtés du fleuve : ce sont les monts Alleghanys. Alors le Niagara se divise : une branche suit sur la droite le bord de ces rochers ; l'autre, séparée de la première par une petite île, se jette brusquement sur la gauche, s'y fait, au milieu des pierres, une espèce de bassin, qu'elle remplit de ses tourbillons, de son écume et de son bruit ; enfin, arrêtée par les nouveaux rochers qu'elle trouve à sa gauche, elle change son cours plus brusquement encore , à angle droit, pour se précipiter, en même temps que la branche droite, de cent soixante pieds de hauteur par-dessus une table de rochers presque demi-circulaire , aplanie sans doute par la violence de cette immense masse d'eau qui roule depuis la naissance du monde. Là, elle tombe en formant une nappe presque égale dans toute son étendue, et dont l'uniformité n'est interrompue que par l'île qui, séparant les deux branches, reste inébranlable sur son roc, et comme suspendue entre ces deux torrens.

Précipité sur des monceaux de rochers, ce fleuve, qui s'est élancé avec une impétueuse majesté, ne présente plus que des flots mugissans ; ces flots se choquent, se repoussent, se brisent ; resserrés entre deux haies de rocs hérissés, l'espace semble trop étroit pour cette lutte, tandis que des flots nouveaux tombent avec la même impétuosité sur ceux qui déjà s'entre-heurtent ; et, dans cet épouvantable chaos, roulans, bouillonnans, repoussés, soulevés l'un par l'autre, déchirés par les flancs des rochers, ils produisent un bruit immense qui remplit l'air et ne lui permet pas de former d'autre bruit.

Après s'être précipitée sur les rocs, une partie des eaux s'élève en une vapeur épaisse qui surpasse souvent de beaucoup la hauteur de leur chute, et se mêle alors avec les nuages. Lorsque les rayons du soleil frappent sur cette cataracte, ils en font une décoration magique, éblouissante.

ÉMILE.

Cette chute d'eau doit menacer d'anéantir l'être qui oseroit s'en approcher ?

M. VALMONT.

Il est vrai qu'on est accablé sous le choc des sensations qu'imprime nécessairement à l'âme cette imposante et terrible scène; cependant écoutez ce que dit un voyageur (M. de La Roche-foucauld-Liancourt) : « J'ai descendu jusqu'au bas de cette chute; les abords en sont difficiles : des descentes à pic, des échelles pratiquées dans les arbres, des pierres roulantes, des rocs menaçans, et qui, par les débris qui couvrent la terre, avertissent les voyageurs du danger auquel ils s'exposent; aucun appui pour se retenir que des arbres morts, près de rester dans la main de l'imprudent qui oseroit y prendre confiance, tout y semble fait pour inspirer l'effroi. Mais la curiosité a sa folie comme toutes les autres passions , et elle en est une véritable : ce qu'elle me faisoit faire dans ce moment, la certitude d'une grande fortune , je crois , n'eût pu m'y déterminer. Enfin, me traînant souvent sur les mains, d'autres fois, trouvant dans mon ardeur une adresse que j'étois loin de me soupçonner, souvent m'abandonnant au hasard , je suis parvenu, après un mille et demi de marche, dans le plus pénible travail, sur ces bords difficiles , au pied de cette immense cataracte ; l'amour-propre de l'avoir atteint y compense seul la peine des efforts que le succès a coûtés : il est plus d'une situation pareille dans la vie.

» Là , on se trouve dans un tourbillon d'eau dont on est percé. Les vapeurs qui s'élèvent de la chute se confondent avec les flots qui en tombent ; le bassin est caché par cet épais nuage ; le bruit seul , plus violent que partout ailleurs , est une jouissance particulière à cette place. On peut avancer quelques pas sur les rocs entre l'eau qui tombe et le pied du rocher d'où elle se précipite ; mais on est alors séparé du monde entier, même du spectacle de cette chute, par cette muraille d'eau, qui, par son mouvement et son épaisseur, intercepte tellement la communication de l'air extérieur, qu'on seroit entièrement suffoqué si l'on y restoit long-temps.

» Il est impossible de rendre l'effet que cette cataracte nous a fait éprouver ; notre imagination, long-temps nourrie de l'espérance de la voir, nous en traçoit des peintures qui nous sembloient exagérées ; elles étoient au-dessous de la réalité : chercher à décrire ce beau phénomène et l'impression qu'il cause, ce seroit tenter au-dessus du possible.... (1) »

____

(1) En France, le *saut de la Saule*, cascade formée par la rivière de Rue, auprès du hameau de Saint-Thomas, dans les montagnes

Vous voyez, poursuivit M. Valmont, que toutes les cascades artificielles, construites avec tant d'art et à si grands frais, n'approchent point de ces grandes cataractes, et ne peuvent entrer avec elles en comparaison. De même ce fameux jet, que l'on admire à juste titre, n'est rien, et seroit oublié à côté du jet bouillant connu sous le nom de *Geyser*. Cette source étonnante se trouve en Islande : l'eau y jaillit d'un rocher à certaines heures du jour, mais par secousses et par intervalles. Les élancecemens s'annoncent par un bruit sourd, semblable à des coups de canon qu'on entendroit de loin ; ces coups se succèdent et augmentent comme si le canon s'approchoit. Lorsque le jet va s'élancer, le terrain s'ébranle autour de la source, on croiroit qu'il va se soule-

---

d'Auvergne, offre en petit le tableau du saut du Niagara : la chute d'eau est ici de vingt à trente pieds.

ver et crever. Vis-à-vis du Geyser est
une montagne qui a plus de quatre
cents pieds d'élévation ; les habitans
prétendent avoir souvent vu le jet d'eau
s'élever aussi haut que la cîme de cette
montagne.

CÉLESTE.

En effet, ce jet est merveilleux ! Et
ses eaux sont réellement bouillantes ?

M. VALMONT.

Vous allez en juger. Quand les élan-
cemens les soulèvent et les font débor-
der de tous les côtés du bassin, elles
tombent dans un petit vallon, et forment un ruisseau : eh bien, à une assez grande distance du Geyser, ce ruisseau conserve encore un tel degré de
chaleur, que les pieds des bestiaux qui
le traversent en sont souvent brûlés.
Les sources d'eaux bouillantes sont très-
nombreuses dans l'Islande ; les habitans les font servir assez ordinairement
à cuire leurs alimens, herbages, pois-

sons ou viande : il suffit de suspendre, au-dessus de l'ouverture de la source, le pot ou la marmite, pour que ce qui y est contenu soit cuit en peu de temps. Cette île, presqu'en général, repose sur un vaste foyer de feux souterrains.

ÉMILE.

Cela est bien commode; on n'a pas besoin de faire une grande provision de bois dans ce pays?

M. VALMONT.

Vous imaginez peut-être qu'il y fait chaud? Au contraire, son nom même signifie *pays des glaces* : il en arrive tous les ans du Groënland des masses énormes. Quelques-uns de ces blocs ressemblent à des montagnes, ils ont quelquefois jusqu'à cinquante pieds de hauteur hors de l'eau. Ces blocs horribles de glace s'arrêtent souvent dans les bas-fonds; ils restent alors durant un grand nombre d'années sans se dissoudre, et répandent un froid très-vif dans l'atmosphère à quelques lieues à la ronde. En 1753 et 1754, ces glaces produisirent un froid si violent, que les brebis et les chevaux tomboient morts. Les Islandois, simples et crédules, ayant aperçu des flammes à travers ces glaces, s'imaginèrent que par un prodige elles s'étoient embrasées.

CÉLESTE.

Qu'est-ce que cela pouvoit être?

M. VALMONT.

C'étoit bien du feu, et il s'en allume naturellement au milieu de ces glaces; voici comment : il arrive quelquefois que lorsqu'un grand nombre de ces masses flottent ensemble, les bois qu'elles entraînent ordinairement sont froissés avec tant de violence qu'ils s'enflamment; c'est ce qui a donné lieu à des contes ridicules de glaces enflammées. On ne sauroit faire de provi-

4

sions de bois dans ce pays, car on n'en trouve qu'autant que les naufrages en envoient sur les côtes.

ÉMILE.

Bon Dieu! avec quoi donc se chauffe-t-on?

M. VALMONT.

On se sert de tourbe, de fiente desséchée et d'os de poissons. C'est une terre en général fort pauvre. Vous voyez, mes enfans, combien il est essentiel d'étudier soigneusement votre géographie, si vous ne voulez pas être exposés à dire des balourdises dans la société, où l'on ne manqueroit pas de se moquer de vous. Dans diverses contrées de la France, on trouve des sources d'eaux aussi chaudes que celle de Geyser; je vous citerai entre autres une fontaine qui se trouve au milieu de la ville de Dax : son eau est tellement brûlante, qu'à dix pas de la source on peut à peine y tenir la main. Les eaux minérales d'Aix-la-Chapelle sont aussi de nature à faire durcir un œuf en cinq minutes.

Ici M. Valmont interrompit cet entretien pour continuer sa promenade avec ses enfans dans toutes les parties du parc. Ensuite on dîna, et l'après-midi on s'en revint par la galiote. La petite famille, placée sur le pont, contemploit le cours de la Seine et toutes ces îles pittoresques qui embellissent cette partie des environs de la capitale.

M. Valmont reprit son manuscrit. Nous allons, dit-il, parcourir les choses les plus curieuses qui nous restent à voir sur l'élément qui nous fait voyager en ce moment. Lorsqu'on porte un œil observateur et religieux sur tout ce qui nous environne ici-bas, on trouve dans tout un sujet d'admiration et de reconnoissance pour la grandeur et les bienfaits de Dieu. Écoutez comment s'ex-

prime un digne prélat, l'illustre Fé-
nélon :

« L'eau désaltère non-seulement les
hommes, mais encore les campagnes
arides ; et celui qui nous a donné ce
corps fluide , l'a distribué avec soin sur
la terre , comme les canaux d'un jardin.
Les eaux tombent des hautes montagnes, où leurs réservoirs sont placés :
elles s'assemblent en gros ruisseaux
dans les vallées. Les rivières serpentent
dans les vastes campagnes pour mieux
les arroser ; elles vont enfin se précipiter dans la mer, pour en faire le centre
du commerce à toutes les nations. Cet
Océan, qui semble être placé au milieu
des terres pour en faire une éternelle
séparation, est au contraire le rendez-
vous de tous les peuples, qui ne pourroient aller par terre, d'un bout du
monde à l'autre, qu'avec des fatigues,
des longueurs et des dangers incroyables. C'est par ce chemin sans trace,
au travers des abîmes , que l'ancien

monde donne la main au nouveau, et que le nouveau prête à l'ancien tant de commodités et de richesses. Les eaux, distribuées avec tant d'art, font une circulation dans la terre, comme le sang circule dans le corps humain. »

CÉLESTE.

Comment! les montagnes, qui nous paroissent des lieux si secs, sont les réservoirs des eaux?

M. VALMONT.

Oui, ma fille; ces masses superbes, que les ignorans regardent comme des excrescences inutiles et difformes d'un globe mal arrangé, sont, au contraire, des instrumens admirables, construits et ordonnés par le créateur, pour servir, en quelque sorte, d'alambics pour distiller l'eau douce qui nous est nécessaire. Leur élévation étoit essentielle pour faire descendre et couler leurs sources par une chute modérée, comme par autant de veines, pour le bien et l'avantage du genre humain. Nous parlerons de cela un de ces jours. Pour l'instant, je vais vous faire connoître quelques lacs curieux, quelques sources ou fontaines remarquables, quelques îles extraordinaires; celles, entre autres, formées par le feu.

ÉMILE.

Quoi! le feu a pu agir au sein des eaux?

M. VALMONT.

Et même avec une force étonnante, parce que sous l'eau il existe des foyers volcaniques. Mais suivons l'ordre de notre manuscrit. Il est question d'abord d'un petit lac qui se trouve sur le sommet d'une montagne d'Irlande, et que, vu sa situation et sa forme ronde, on appelle *le Bol à punch du diable*. Entre les bords du bol et la surface de l'eau, la distance est d'environ neuf cents pieds. L'eau est très-profonde, quoiqu'elle ne soit pas sans fond, comme le prétendent les habitans des environs. Le superflu des eaux de ce lac s'écoule par une ouverture, et forme une très - belle cascade qui a quatre cents cinquante pieds de long.

En France, près de Mézières, au sommet d'une haute montagne, il y a un lac à peu près semblable dont les eaux se soutiennent à la même hauteur et ne s'épanchent jamais. La profondeur en est inconnue, une sonde de trois cents pieds n'en a pu trouver le fond; on a seulement reconnu que l'intérieur étoit un cône renversé, et alloit toujours en diminuant; il est probable que c'est le cratère de quelque volcan éteint; et l'on explique le séjour des eaux dans ce lac, en supposant qu'il communique par des conduits souterrains avec un grand amas d'eau situé dans une autre montagne, et qu'il se fait un nivellement dans leurs eaux.

Parmi les lacs, il faut remarquer le

lac Asphaltite, en Judée, que l'on nomme aussi *mer Morte*; il ne contient rien de vivant, ni même de végétant. Diodore de Sicile assure qu'il a soixante-douze milles de long et sept à huit de large (environ vingt-cinq lieues sur trois), ses bords sont sans verdure comme ses eaux sans poisson; ses eaux sont plus salées que celles de la mer. On trouve aux environs une quantité de mines de sel gemme. Ce lac attire une foule de pélerins et de curieux, parce qu'on y voit d'espace en espace des blocs informes que des yeux prévenus prennent pour des statues mutilées, et que les indigènes prétendent être des monumens de l'aventure de la femme de Loth. Les sources d'eaux chaudes qui se trouvent auprès attestent que les feux souterrains qui ont formé ce lac ont continué de brûler jusqu'à ce jour. Pline dit qu'aucun corps vivant ne peut aller au fond de ce lac. Vespasien voulant en faire l'expérience, fit jeter dedans plusieurs personnes qui ne savoient pas nager et ayant les mains liées derrière le dos; pas une n'alla au fond. Le voyageur Pockoke en fit l'essai lui-même; ne pouvant pas croire à la faculté extraordinaire de l'eau de ce lac, il se détermina à y entrer, et il y resta près d'un quart d'heure. « Je flottois dessus, dit-il, dans telle posture qu'il me plaisoit, sans jamais m'enfoncer. Ayant voulu une fois plonger, mes jambes restèrent en l'air, et j'eus toutes les peines du monde à me remettre dans une situation plus commode. »

A une demi-lieue de Tivoli, il y a un petit lac, d'environ cinq cents pas de tour, qui exhale une si forte odeur de soufre, qu'il infecte l'air aux environs : on l'a nommé *la solfatare*. Sur ce lac, il y a plusieurs îles flottantes ; elles sont à fleur d'eau, toutes couvertes de roseaux ; elles ont de la solidité et de l'épaisseur : la plus grande a environ vingt-cinq pas de long sur quinze de large. Le peuple de Tivoli appelle ces îles des *barquettes*, parce qu'elles se peuvent gouverner comme des barques. Ce lac étant produit par des sources d'eau soufrée, les bouillons qu'on y remarque élèvent du limon raréfié par le soufre; en surnageant, ce limon se sera attaché aux joncs et aux herbages qui croissent dans ce lac, et peu à peu s'y sera grossi au point de former ces îles.

CÉLESTE.

Je me souviens d'avoir lu que Tarquin s'étoit emparé d'un champ consacré à Mars; quand on le chassa de Rome, les blés de ce champ venoient d'être coupés, et les gerbes y étoient encore; on ne crut pas qu'il fût permis d'en profiter, à cause de la consécration; en conséquence, on prit les gerbes et on les jeta dans le Tibre, avec tous les arbres que l'on coupa. Les eaux étoient alors fort basses ; ces matières, réunies, furent arrêtées au milieu du fleuve ; ne trouvant point de passage, elles s'accrochèrent et se lièrent si bien entre elles, qu'elles ne firent plus qu'un même corps qui prit racine, et qui forma, avec le temps, une île qu'on appela *l'île Sacrée*, et dans laquelle on bâtit des portiques et des temples.

M. VALMONT.

Bien, ma fille, je suis content de voir que tu mets à profit tes lectures. Le lac de Laumond, le plus grand de ceux de l'Écosse, est semé d'îles, dont quelques-unes sont flottantes, quoiqu'elles soutiennent des forêts remplies de bêtes fauves ; d'autres, aussi flottantes, contiennent des châteaux, de beaux jardins et de grands pâturages. Non loin d'ici, entre la ville de Saint-Omer et Clairmarais, il y a de ces îles flottantes. Ce nom de *Clairmarais* indique que les marécages de la plaine ne sont pas

aussi fangeux que les marais ordinaires.
Il y flotte vingt petites îles que l'on
conduit d'une rive à l'autre, de la même
manière que l'on dirige un bateau ; la
plus grande a douze pieds de diamètre ;
la plus petite, quatre ou cinq pieds :
elles ont environ trois pieds d'épaisseur.
Il y a sur ces îles des arbustes et des
saules que les habitans ont soin d'entretenir. Ces îles flottantes consistent
en une terre spongieuse que soutiennent les racines des saules et autres végétaux qui y croissent. Les habitans
ont soin d'y remettre continuellement
de la terre, parce que cette singularité
ne laisse pas d'attirer des curieux.
Louis XIV, dans un de ses voyages,
eut la curiosité de monter sur la plus
grande.

Un auteur ancien (1) assure avoir
vu en Lydie les îles Calamines se mouvoir, tourner sur elles-mêmes, rega-

______

(1) Varron, cité par Pline.

gner le rivage, sans autre secours que la musique, c'est-à-dire, au moyen de la vibration que les musiciens imprimoient au sol avec le pied en battant la mesure.

Près de Gap, sur le lac Pelleautier, il y a une masse de tourbe mobile qu'on appelle *la Motte tremblante*, qu'on dirige également à droite et à gauche.

CÉLESTE.

A l'exemple de Louis XIV, j'aurois été curieuse de me promener sur ces îles.

ÉMILE.

J'ai entendu raconter quelque chose de merveilleux d'une fontaine; ses eaux, dit-on, semblent pétrifier les objets qu'on leur confie. Par exemple, si l'on y dépose une grappe de raisin, quelque temps après on en retire une belle grappe en pierre.

M. VALMONT.

Oui; plusieurs sources ont cette

propriété-là, parce que leurs eaux contiennent un sédiment qui s'attache et
se moule sur les objets qu'elles rencon-
trent dans leur cours. En plaçant des
médailles sous un filet d'eau de la source
d'Arcueil, on en obtient des empreintes
au bout d'un espace de temps plus ou
moins considérable. Les eaux de la fontaine de Saint-Allire, à Clermont, département du Puy-de-Dôme, ont produit une merveille bien plus extraordinaire ; elles ont élevé un massif de
pierre d'un seul bloc, de deux cent
quarante pieds de longueur. Ce *pont
naturel* a dans une de ses parties jusqu'à douze pieds de largeur. Il ne doit
absolument sa formation qu'aux sédimens que les eaux de cette source dé-
posent continuellement.

Parmi les autres sources ou fontaines
qui présentent quelques singularités, on
en remarque une dans l'île de Zante,
dont on tire tous les ans cent barils de
poix noire. A trois ou quatre lieues de

Baku, ville du Shirvan, dans le nord de la Perse, on trouve plusieurs sources de naphte, espèce d'huile bitumineuse qu'on brûle dans les lampes. A Acqs, près de Foix, il y a une fontaine dont l'eau savonneuse sert à dégraisser et à blanchir les étoffes. Dans le comté de Waterford, en Irlande, on trouve une fontaine beaucoup plus merveilleuse ; elle fait blanchir sur-le-champ la barbe et les cheveux à ceux qui se lavent avec son eau. On trouve des sources qui ont un petit goût vineux ; on en voit aussi qui s'enflamment comme de l'esprit-de-vin (1).

ÉMILE.

Quoi ! l'eau même peut prendre feu ?

M. VALMONT.

Oui ; parce que dans ces sortes de

______

(1) Journal des Savans, 1684. Rapport de Cassini à l'Académie des Sciences de Paris, 1687.

sources il s'y mêle des matières bitumineuses, sulfureuses, ou des vapeurs
inflammables. Écoutez cette relation
curieuse de la *fontaine de Boseley*,
dans la province de Shrops, en Angleterre :

« Au milieu d'un profond sommeil,
les habitans du canton furent réveillés
par un bruit terrible, et tel qu'on n'en
avoit jamais entendu de semblable : la
terre parut si agitée, qu'on crut toucher au moment de la destruction générale. Tout le monde en un instant
fut sur pied ; ceux qui eurent assez de
courage ou de sang-froid pour se ha-
sarder à considérer la cause d'un pareil
bouleversement, sortirent de leurs maisons et se réunirent pour aller vers
l'endroit d'où le bruit paroissoit venir.
De plus de deux cents personnes qui
s'étoient rassemblées, il n'y en eut que
sept ou huit qui osèrent s'approcher
d'une petite montagne éloignée d'environ cent pas de la rivière de Severne,

et au pied de laquelle étoit une fonde-
rie. Elles s'aperçurent bientôt que tout
le bruit venoit de là : toute la surface
de la terre y étoit en effet dans une agitation violente ; elle s'élevoit et s'affois-
soit plusieurs fois dans l'espace d'une
minute. Un homme de la compagnie,
plus hardi que les autres, prit un cou-
teau, avec lequel il fit en terre un trou
de quelques pouces de diamètre ; aussitôt il sortit de terre, avec impétuosité,
une eau jaillissante, qui s'éleva jusqu'à
six ou sept pieds : l'éruption en fut si
violente, que cet homme en fut renversé. Un moment après, le même
homme ayant passé près de la source
avec une lumière, l'eau prit feu et jeta
des flammes. Lorsqu'on eut réitéré plusieurs fois la même expérience, le pro-
priétaire du terrain, voulant conserver
une singularité si curieuse, fit faire une
citerne et la fit couvrir, en y laissant
néanmoins une ouverture pour satis-
faire la curiosité du public. Dès qu'on

approche une lumière du trou fait au couvercle de cette citerne, l'eau prend feu et brûle comme de l'esprit-de-vin, aussi long-temps qu'on empêche l'air extérieur d'exercer sa force; mais aussitôt que le couvercle est levé, les flammes disparoissent. La chaleur de ce feu est telle, que si l'on met au trou du couvercle de la viande dans un pot plein d'eau, elle est cuite aussi promptement qu'elle pourroit l'être au plus ardent foyer. Ce même feu réduit en cendres de gros morceaux de bois vert. Ce qui cause le plus de surprise, c'est que, malgré sa violence, l'eau n'a pas le moindre degré de chaleur, et est aussi froide que celle des autres fontaines. Ainsi le feu n'y réside pas; ce ne peut être qu'une vapeur inflammable qui a percé la terre en même temps que l'eau, qui pénètre même la source, et qui enfin s'y enflamme et brûle comme la naphte brûle dans l'eau (1). »

____

(1) Sigaud de Lafond.

CÉLESTE.

Cet effet est bien étonnant; il dut
paroître miraculeux à ceux qui n'en
connoissoient point les causes phy-
siques.

M. VALMONT.

C'est pourquoi les anciens, bien
moins instruits que nous en physique,
considéroient comme des prodiges sur-
naturels ce qu'aujourd'hui nous admi-
rons seulement comme des phénomènes
de la nature. J'ai vu, près de la petite
ville de Colmar, en Provence, une
fontaine qui est remarquable par ses in-
termittences. Quand elle est près de
couler, un léger murmure annonce son
arrivée. Elle croît ensuite pendant une
demi-minute; alors elle jette de l'eau
de la grosseur du bras, puis elle dé-
croît pendant cinq à six minutes, et
s'arrête un moment pour reprendre de
nouveau son écoulement; en sorte
qu'elle coule et qu'elle s'arrête environ

huit fois dans une heure. La petite rivière d'Hierre, située à quatre lieues
de Paris, est remarquable par quelques
singularités, ne gèle jamais, et ne déborde que très-rarement. Dans le qua-
torzième siècle, elle fut quelquefois
plusieurs années sans couler; ensuite
on la voyoit reprendre son cours pendant quelques mois : elle est encore fort
irrégulière.

Près de Vesoul, il y a une source
qu'on appelle le *Frès-Puits*. C'est un
trou large de quatorze toises, dont la
profondeur est de vingt ; il va en diminuant, comme un entonnoir, jusqu'à la
largeur de deux toises : il n'y a qu'une
fente par où l'eau s'écoule et produit
une fontaine. Mais après les grandes
pluies l'eau monte quelquefois jusqu'à
l'orifice extérieur, et se dégorge en si
grande abondance, que la campagne
en est inondée : cette inondation, qui
cause ordinairement beaucoup de dommage aux terres, occasionna plusieurs

fois la délivrance de Vesoul assiégée. Une fois entre autres, des soldats allemands mutinés marchoient contre cette ville, se disposant à la saccager : ils avoient de l'artillerie et des échelles toutes prêtes. Le Frès-Puits inonda tout à coup la campagne, quoique la pluie n'eût duré que vingt-quatre heures. Les assiégeans crurent que les habitans avoient quelques cataractes en leur pouvoir ; ils s'enfuirent tous, et, pour échapper plus vite à l'inondation, abandonnèrent armes et bagages.

Mais c'est assez nous entretenir de ces effets singuliers de la nature ; je n'ai entrepris de vous parler que des beautés du premier ordre.

La plus remarquable comme la plus célèbre des fontaines, est celle de Vaucluse, à quatre lieues d'Avignon. C'est un énorme massif de rochers, d'une hauteur prodigieuse. Dans les vastes flancs de ces rochers coulent les

divers ruisseaux dont s'alimente la
source. Pour parvenir au rocher d'où
jaillit la fontaine, il faut monter par un
chemin étroit et pierreux. Bientôt on
aperçoit un antre assez profond, et que
son obscurité rend effrayant à la vue.
Si l'eau est basse, on peut y entrer;
alors on y voit deux grandes cavernes,
dont la première a plus de soixante pieds
de haut sous l'arc qui en forme l'entrée; l'autre, qui semble avoir cent
pieds de large et presque autant de
profondeur, n'a qu'environ vingt pieds
d'élévation. C'est vers le milieu de cet
antre que s'élève, sans jets et sans
bouillons, dans un bassin ovale d'environ dix-huit toises de diamètre, la
source abondante qui donne naissance
à la rivière de la Sorgue. L'on assure
qu'on n'a pu trouver le fond de ce bassin, quoique l'on y ait plusieurs fois
jeté la sonde. Les eaux de la fontaine
de Vaucluse ne sont pas moins limpides
que le cristal le plus pur; cependant

l'ombre du rocher y répand une teinte noirâtre.

Dans son état ordinaire, l'eau de cette source s'échappe par des conduits souterrains, et arrive tranquillement jusqu'à son lit ; mais, après de grandes pluies, elle s'élève au-dessus d'une espèce de môle placé devant l'antre, y forme un bassin dont la surface est unie comme une glace ; ensuite elle se précipite avec grand bruit à travers les débris de rochers, les blanchit de son écume ; enfin, ayant heurté les nombreux obstacles qui arrêtent son impétuosité, elle va couler paisiblement non loin de là dans un lit commode.

Pétrarque avoit son habitation près de la Sorgue ; il aimoit la belle Laure, et l'a immortalisée dans ses vers. Le souvenir de ces amans célèbres a illustré ces lieux.

Je ne puis mieux vous donner une idée des sensations que fait éprouver ce beau monument de la nature, qu'en vous rapportant cette lettre d'un auteur justement estimé : « Mes premiers empressemens, dit-il, ont été pour la fontaine de Vaucluse : j'ai été la voir hier. Je ne sais pourquoi je dis hier, car il me semble que je la vois encore aujourd'hui.

» Je crois voir encore aujourd'hui s'échapper du milieu d'une chaîne de montagnes, comme du fond d'un vaste entonnoir, une rivière qui monte, s'élève, et tout à coup se déborde avec une impétuosité, avec un tonnerre, avec un bouillonnement, avec une écume, avec des chutes que le pinceau du poëte ni celui du peintre ne rendront jamais : c'est la fontaine de Vaucluse. Un instant après, cette rivière se calme, comme un heureux naturel que la vivacité emporte d'abord, et que soudain la bonté modère. Elle change alors ses flots d'argent en flots d'azur, et les verse, et les roule, et les abandonne sur un tapis d'émeraudes ;

mais bientôt elle se divise en une multitude de petits ruisseaux, pour courir à travers un vallon charmant. En sortant du vallon, ces ruisseaux se réunissent, et partent de nouveau tous ensemble par cent routes différentes, pour aller arroser, féconder, embellir, sous le nom de la Sorgue, le délicieux comtat d'Avignon..... Vaucluse offre à la fois le tableau le plus admirable et le phénomène le plus singulier.

Mais ces eaux, ce beau ciel, ce vallon enchanteur,
Moins que Pétrarque et Laure, intéressoient mon cœur.

» Ce souvenir de Pétrarque et de Laure anime tout le paysage; il l'embellit, il l'enchante.... Je me suis assis sur la pente d'un rocher, et là je me suis enivré, pendant une heure, du bruit de ces eaux, de la verdure de ces gazons, de l'azur de ce beau ciel et du souvenir de Laure. Là, j'ai appelé, j'ai rassemblé autour de mon cœur tous les objets qui lui sont chers; je me suis figuré tous mes enfans sautant sur ces gazons, courant sur ce rivage, et frappant à l'envi les échos et mon cœur de mille cris de bonheur et de joie (1). »

Émile et Céleste se jetèrent dans les bras de leur père en l'embrassant de toute l'affection de leur âme. Ces expressions de tendresse d'un bon père avoient ému leur jeune cœur. M. Valmont, touché de cette preuve d'amour et de sensibilité, les serra affectueusement dans ses bras.

CÉLESTE.

Les poëtes, en parlant de quelques fleuves, comme du Pactole, disent qu'ils roulent l'or dans leurs eaux; cela est-il vrai ?

M. VALMONT.

Les poëtes ont grossi les objets, en répandant l'or dans les eaux de ces

---

(1) Dupaty, *Lettres sur l'Italie.*

rivières un peu plus libéralement que ne l'a fait la nature. Mais qu'il y ait eu des fleuves qui aient roulé de l'or dans le limon et avec le sable qu'ils jetoient sur leurs bords, c'est un fait attesté par le commerce qui se fait encore aujourd'hui de la poudre d'or que certaines rivières charrient : c'est la richesse des peuples qui habitent la Côte-d'Or en Guinée. La rivière d'Axem, et plusieurs ruisseaux qui se déchargent dans le Zaire, plusieurs rivières des vastes pays de Sophala, de Monomotapa, de Zanguebar et d'Abyssinie, entraînent plus ou moins de sable d'or, selon la quantité des pluies qui pénètrent la terre, et qui traversent les mines avant que d'arriver dans le lit des rivières. Ce privilége de rouler l'or n'a pas été accordé aux rivières d'Afrique, ni à celles du Brésil ou du Chili, par exclusion pour toutes les autres. Nous en avons plusieurs en France, sur les bords desquelles on amasse quel-

quefois ce sable précieux. L'Ariége,
du côté de Pamiers et de Mirepoix,
étale de temps en temps le long de son
cours des paillettes d'or. On en trouve
le long du Gardon et de la Cèze, petites rivières qui descendent des montagnes des Cévennes. Les hommes qui se
livrent à cette recherche choisissent le
temps de l'abaissement des eaux, après
les crues ou les débordemens.

ÉMILE.

Je voudrois bien demeurer auprès
d'une rivière qui charrie ainsi l'or, j'a-
masserois de grandes richesses.

M. VALMONT.

Détrompe-toi, mon ami; l'or ne s'y
trouve pas à pleines mains; il faut beaucoup de peines et de soins pour en trouver une très-petite portion; si quelques
journées valent dix francs de profit à un
travailleur qui cherche sur l'Ariége ou
sur la Cèze, il y en a davantage où il

est fort heureux de gagner trente à quarante sous ; il en est même où ayant cherché inutilement il ne gagne rien du tout.

Quelques rivières roulent aussi des pierreries, dont les unes sont veinées comme des agates, d'autres sont d'un vert d'émeraude, d'autres transparentes comme le cristal : on en fait divers bijoux. La rivière qui découle des montagnes du milieu de l'île de Ceilan, apporte de temps en temps dans la plaine des rubis et d'autres pierres plus nettes et plus belles que celles qu'on trouve dans les mines de Pégu.

CÉLESTE.

Les perles ne se trouvent-elles pas aussi dans la mer ?

M. VALMONT.

Oui, elles se forment dans des huîtres d'une espèce particulière, qu'on trouve dans la mer des Indes orientales, et

qu'on pêche en abondance au cap Comorin, et sur les bords de l'île de Ceilan. Les fleuves de la Chine en four-
nissent aussi, mais elles sont moins par-
faites. Cléopâtre avoit à ses oreilles deux
perles les plus belles qu'on eût jamais
vues; chacune étoit estimée plus d'un
million. La plus belle qu'on connoisse
aujourd'hui enrichit la couronne des
rois d'Espagne; elle fut présentée à Phi-
lippe II, qui en fit l'acquisition.

La galiote aborda au lieu du débar-
quement, au grand regret des enfans,
toujours plus avides d'étendre leurs connoissances sur ces objets intéressans.
M. Valmont leur promit de les entretenir, dans la soirée, des principaux volcans, en commençant par la description
de ceux sortis du sein même des eaux.

Le Vésuve.

TROISIÈME ENTRETIEN.

Volcans.

———

Madame Valmont étoit réunie avec ses enfans, et ceux-ci attendoient avec impatience le retour de leur père, que des affaires avoient appelé hors de sa maison ; il arriva enfin ; et lorsqu'on le vit aller chercher le petit manuscrit, la joie éclata d'abord, puis on fit aussitôt un profond silence.

Je vais vous parler, leur dit-il, d'un prodige des plus étonnans ; de feux renfermés dans les entrailles de la terre, et se faisant jour à travers une mer profonde. Les *îles Santorins*, dans l'archipel de la Grèce, ont vu s'opérer ce phénomène des plus intéressans. Les anciens ont écrit que toutes ces îles sont sorties du sein de la mer : ce qui s'est passé à différentes époques dans ces parages invite à adopter cette opinion. On y a vu successivement, par l'effet des feux souterrains, des îles nouvelles paroître, couper, séparer les anciennes, les avoisiner ou s'y joindre : de violentes commotions les arrachoient du sein de la mer pour les placer à la surface des eaux ; d'autres révolutions les engloutissoient et les faisoient disparoître entièrement. L'éruption dont nous connoissons mieux les effets, est celle qui effraya les habitans de ces îles en 1707. Le 23 mars de cette année, on aperçut de toute la côte de Santorin le commencement de l'île nouvelle. Ceux qui furent les premiers à l'apercevoir, la prirent d'abord pour les débris d'un naufrage dont ils voulurent profiter ; mais quel fut leur étonnement en trouvant une masse de rochers qui sortoient du fond des eaux et s'étendoient sur leur surface ! Ce prodige avoit été précédé par un tremblement de terre, et ce fut même le seul pronostic effrayant qui l'annonça. Il répandit parmi les habitans un effroi que justifioit la tradition constante de tous les désastres antérieurs.

La crainte céda bientôt à la curiosité : quelques Grecs eurent la hardiesse de débarquer sur cette terre nouvelle. Ils la trouvèrent couverte d'une pierre fort blanche et fort molle ; mais, ce qui est encore plus à remarquer, ils y trouvèrent une quantité d'huîtres fraîches, dont on ne voit presque jamais à Santorin. Ils étoient occupés à les ramasser, lorsqu'ils sentirent la terre se mouvoir, s'élever sous leurs pieds, et les porter avec elle. Effrayés, ils sautèrent dans leur bateau ; et l'on vit en très-peu de jours la nouvelle île croître de vingt pieds en hauteur, et presque du double en largeur. Elle continua pendant deux mois à recevoir de nouveaux accroissemens, que souvent elle reperdoit aussitôt. D'énormes rochers portés sur les eaux, se montroient, disparois-soient, et se fixoient enfin pour aug-menter son volume ; mais un nouveau spectacle plus curieux et plus terrible se préparoit.

Au mois de juillet, on vit paroître tout à coup, à soixante pas de l'île blanche déjà sortie, une chaîne de ro-chers noirs et calcinés, qui furent bien-tôt suivis d'un torrent de fumée épaisse et blanchâtre. Cette fumée répandit une infection horrible ; partout où elle pénétra, l'argent et le cuivre furent noircis, et les habitans éprouvèrent de violens maux de tête, accompagnés de vomissemens. Quelques jours après, les eaux voisines s'échauffèrent, devin-rent bouillantes, et l'on trouva sur le rivage une grande quantité de poissons morts. Un bruit affreux se fit entendre dans les entrailles de la terre ; de longs traits de flamme sortirent de la mer, et les rochers vomis par ce brasier s'amoncelèrent et se joignirent à la première île, qui conserva cependant encore quelque temps sa blancheur. Depuis cet instant, la bouche du volcan ne cessa de jeter des torrens de feu et des rochers enflammés ; une pluie de pierre ponce couvrit la mer et toutes les îles voisines. Les habitans de Santorin cherchèrent un asile dans les antres et les cavernes.

Les éclats redoublés et les mugissemens affreux d'un tonnerre souterrain, des rochers énormes lancés jusqu'aux nues, des torrens de soufre colorant les eaux, et des fleuves de feu s'étendant sur la suface d'une mer bouillonnante, tout se réunissoit pour rendre ce tableau à la fois magnifique et redoutable. Il fut presque continuel pendant le cours d'une année ; enfin, les feux se calmèrent, et il ne resta plus qu'une fumée fort épaisse.

Le 15 juillet 1708 , l'observateur dont nous tirons ces détails eut assez

de courage pour aller examiner le
théâtre encore menaçant de tant de
phénomènes. « Nous eûmes soin, dit-il,
de nous fournir d'une caïque (espèce
de barque longue) bien calfatée, et
dont les fentes avoient doubles étoupes
enfoncées à force. Comme nous étions
convenus de mettre pied à terre s'il
étoit possible, nous fîmes tirer droit à
l'île par un côté où la mer ne bouillonnoit pas, mais où elle fumoit beaucoup. A peine fûmes-nous entrés dans
cette fumée, que nous sentîmes une
chaleur étouffante qui nous saisit. Nous
mîmes la main dans l'eau, et nous la
trouvâmes brûlante. Nous étions pour-
tant encore à cinq cents pas de notre
terme. N'y ayant pas d'apparence de
pousser plus loin de ce côté-là, nous
tournâmes vers la pointe la plus éloignée de la grande bouche, et par où
l'île avoit toujours crû en longueur.
Les feux qu'on y voyoit, et la mer
qui jetoit de gros bouillons, nous obli-

gèrent de prendre un long circuit ; encore sentions-nous bien de la chaleur. Chemin faisant, j'eus le loisir d'observer l'espace qu'occupoit la nouvelle île ; elle pouvoit avoir alors deux cents pieds dans sa plus grande hauteur, un mille au moins dans sa plus grande largeur, et cinq milles de tour.

» Après avoir été plus d'une heure à considérer toutes ces choses, l'envie nous prit de nous approcher de l'île, et de tenter encore une fois de mettre pied à terre par l'endroit que j'ai dit avoir été long-temps appelé *l'île Blanche*. Il y avoit plusieurs mois que cet endroit ne croissoit plus, et jamais on n'y avoit aperçu ni feu ni fumée : nous nous rembarquâmes, et fûmes ramer de ce côté-là. Nous en étions à près de deux cents pas, lorsque mettant la main dans l'eau nous sentîmes que plus nous en approchions, plus elle devenoit chaude. Nous jetâmes la sonde ; toute la corde, longue de quatre-vingt-quinze brasses (1), fut employée sans qu'on trouvât de fond. Pendant que nous étions à délibérer si nous irions plus avant, la grande bouche vint à jouer avec son impétuosité et son fracas ordinaire. Pour comble de disgrâce, le vent, qui étoit frais, porta sur nous le nuage de cendres et de fumée qui en sortit : nous fûmes heureux qu'il n'y portât pas autre chose. A voir comme nous étions faits après cette ondée de cendres, qui nous avoit tous couverts, il y avoit de quoi rire ; mais aucun de nous n'en avoit envie : nous ne songeâmes qu'à nous en aller bien vite, et nous le fîmes très à propos. Nous n'étions pas à un mille et demi de l'île, que le tintamarre recommença, et jeta dans l'endroit que nous venions de quitter quantité de pierres allumées. De plus,

---

(1) Une brasse contient la longueur des deux bras étendus avec le travers du corps, ce qui fait à peu près la longueur de six pieds.

en abordant à Santorin, nos mariniers nous firent remarquer que la grande chaleur de l'eau avoit emporté presque toute la poix de notre caïque, qui commençoit à s'ouvrir de tous côtés. »

Pendant les dix années suivantes, le fourneau de ce volcan a encore jeté plusieurs fois : il est aujourd'hui dans une inaction qui n'est peut-être que le présage de révolutions plus grandes encore. L'eau n'est plus chaude en aucun endroit, on n'y remarque même aucune exhalaison ; on voit seulement sortir par les côtés une grande quantité de soufre et de bitume qui nage sur les eaux sans s'y mêler, et les colore diversement, suivant la nature et la qualité des matières bitumineuses qu'elles entraînent.

Il existe de semblables foyers d'incendie dans plusieurs archipels. Le dernier jour de l'année 1720, et les jours suivans, il se forma tout à coup une île nouvelle dans le trajet de mer entre l'île de Saint-Michel (la plus volcanique des Açores) et Tertiara. Elle avoit environ une lieue de circonférence ; elle étoit comme hérissée d'immenses rochers qui ressembloient à de la pierre ponce. Toutes les nuits, des globes de feu et des torrens de matières enflammées s'élançoient jusqu'au ciel. Les eaux étoient très-chaudes tout à l'entour, et la mer bouillonnoit si fort au loin, qu'il eût été dangereux à des vaisseaux d'approcher de l'île. Elle s'éleva au point qu'on pouvoit la voir à la distance de huit à dix lieues ; quelque temps après, cette île s'affaissa et disparut totalement.

Cette île Saint-Michel renferme une montagne volcanique, dont une éruption qui eut lieu en 1628, fit naître près du rivage, dans un endroit où il y avoit plus de neuf cents pieds d'eau, un écueil volcanique, d'une lieue et demie de long, qui s'éleva de plus de soixante toises (1) au-dessus de l'Océan.

____

(1) La toise a environ six pieds.

ÉMILE.

Qu'est-ce qui occasionne ces éruptions ?

M. VALMONT.

Ce sont des particules de fer, de soufre, de bitume qui se trouvent, dans ces endroits, réunies en grande abondance au sein de la terre.

ÉMILE.

Je ne conçois pas comment peuvent s'embraser toutes ces matières ainsi renfermées ?

M. VALMONT.

Je vous ai expliqué comment, par la pression, on voyoit le bois s'allumer au milieu des glaces ; les naturalistes expliquent par les mêmes causes le feu des volcans : c'est par la pression, et de plus par une fermentation violente, que les matières combustibles renfer-

mées dans les entrailles de la terre s'é-
chauffent d'elles-mêmes, s'enflamment,
puis ébranlent, soulèvent et dispersent
les voûtes de leurs prisons pour s'é-
lancer dans les airs.

CÉLESTE.

Une fois l'éruption faite, n'y a-t-il
plus de danger?

M. VALMONT.

Le danger se renouvelle sans cesse.
Il y a des volcans qui s'éteignent; mais
vous verrez que les principaux, tels que
le Vésuve, *l'Etna*, *l'Hékla*, sont
plus ou moins tranquilles, mais brûlent
continuellement. On a observé que les
volcans sont dans le voisinage de la mer,
et l'on a conjeturé, avec assez de vrai-
semblance, qu'ils s'alimentoient en
pompant, par des conduits inconnus,
toutes les matières grasses et inflammables que ses eaux contiennent. Des
physiciens ont même soupçonné entre

quelques-uns des communications sous-marines ; quelques faits particuliers semblent appuyer cette conjecture. Un auteur, en parlant du volcanisme des Açores, dit qu'en 1720, lorsqu'une roche, formée de masses ferrugineuses, fut lancée au-dessus des eaux, et s'éleva au milieu de cet archipel, on remarqua avec effroi qu'à mesure que l'île nouvelle se projetoit au-dessus de l'Océan, le sommet du *volcan de Saint-Georges*, dans l'île du Pic, s'abaissoit, quoiqu'il y eût un intervalle de mer de plus de trente lieues entre les deux théâtres d'explosion (1).

ÉMILE.

Ces prodiges étonnent l'imagination !

M. VALMONT.

Aussi quelques peuples, plutôt que de soumettre leur imagination aux lois

____

(1) Histoire du Monde primitif.

d'une saine physique, préfèrent-ils la laisser s'égarer dans des rêveries superstitieuses. Les Guanches, qui sont les habitans indigènes de Ténériffe, regardoient le *pic de Teyde* comme le soupirail du Tartare : les Espagnols y substituent encore aujourd'hui l'enfer de leurs théologiens ; et il faut avouer que le spectacle des éruptions de ce volcan prête beaucoup à ces fantômes de la crédulité. On ne peut approcher sans danger de ce pic célèbre. Le philosophe anglois Edens, qui le visita en 1715, vit sur sa croupe un grand nombre de torrens de soufre enflammé, qui descendoient en formant mille sentiers tortueux : dans d'autres endroits, le sol même est brûlant, ou couvre, sous une légère enveloppe, d'immenses abîmes qui menacent à chaque instant le voyageur présomptueux du sort d'Empédocle.

Le pic de Teyde, qui domine sur l'île de Ténériffe, est d'une telle élévation, qu'il faut monter pendant sept lieues, depuis sa base, pour atteindre à la hauteur de son cratère; c'est de là qu'on aperçoit les vingt mille rochers qui forment la charpente de l'île, pyramides antiques de la nature, qui représentent de loin les ruines d'une Palmyre ou d'une Persépolis.

Le cratère principal forme une ellipse, dont le petit diamètre a six cent soixante pieds, et le grand huit cent quarante : il en sort presque toujours de la fumée ou de la flamme. Comme il y a une espèce de plate-forme sur les flancs de la montagne, avant d'arriver au pic, cette zone reçoit la plus grande partie des rochers embrasés que lance le volcan, et qui s'y amoncèlent; on en compte des amas de plus de trois cent soixante pieds d'étendue : monument terrible de ses anciennes explosions.

Quoique le pic de Teyde s'annonce toujours comme une montagne ardente, il n'y a pas eu de vraie éruption depuis 1304 : c'est à cette époque que le beau port de Garrachica, comblé par les laves brûlantes, cessa d'exister.

En 1783, dans le mois d'août, le vaste foyer de feux souterrains sur lequel semble reposer presqu'en général toute l'Islande, produisit aussi un embrasement au sein des eaux. Cette espèce de prodige jeta l'épouvante dans tous les cœurs. Au sud de Grinbourg, à environ trois lieues du roc des Oiseaux, on vit la mer bouillonner avec force, on entendit la terre mugir dans ses entrailles, on la sentit s'ébranler; bientôt les eaux parurent lancer des flammes; de leur sein s'éleva une terre nouvelle, ou plutôt un amas de laves (1) et de matières volcaniques, qui, en-

______

(1) On nomme *laves*, en général, les produits des volcans liquéfiés par les feux souterrains; ils sortent des volcans, soit par-dessus les bords du cratère, soit par quelque ouverture latérale, sous la forme de torrens enflammés.

tr'ouvert dans sa partie la plus élevée,
servit de cheminée à un foyer souterrain qui cherchoit à s'échapper. Cette
île s'agrandit peu à peu depuis cette époque, et continua de lancer des flammes.

Puisque nous voilà revenus en Islande, nous allons parler du *mont Hékla*, fameux dans le monde par son
volcan. Il se trouve à environ deux
journées de marche de la source du
Geyser, dont nous avons parlé. Le
sommet forme trois pointes : celle du
milieu est la plus haute; il faut quatre
heures de marche pénible pour y parvenir. On a estimé son élévation perpendiculaire de huit cent quarante toises
au-dessus du niveau de la mer. Il sort
souvent de son sommet des flammes et
des torrens de matières brûlantes. Ce
fut en 1693 que ces éruptions firent les
plus grands ravages; elles étoient si
violentes, que les cendres furent lan-
cées dans toutes les parties de l'île, jusqu'à la distance de soixante lieues. Elles

commencèrent le 5 avril, et continuèrent presque sans interruption jusqu'au 7 septembre suivant; mais le cratère ne vomit point de laves. On a
quelquefois trouvé, après les éruptions
du mont Hékla, du sel en si grande
quantité, qu'il y avoit de quoi en char-
ger nombre de chevaux. La mer n'est
éloignée que d'environ cinq quarts
de lieue; cela contribue à confirmer
l'opinion des savans, qui pensent qu'il
y a connexion entre les mers et les volcans, tant de ceux qui vomissent des
matières embrasées, que de ceux qui
vomissent de l'eau alternativement.

CÉLESTE.

Il y a donc des volcans qui jettent
aussi de l'eau?

M. VALMONT.

Oui; et l'on attribue l'explosion
de ces colonnes d'eau à la chute de
sources souterraines sur le bitume em-

brasé. Il y a près de Guatimala, en Amérique, deux montagnes dont l'une s'appelle *volcan de feu*, et l'autre *volcan d'eau*, à cause qu'elle jette quantité de ruisseaux. On dit de la première, qu'on peut lire une lettre la nuit, à la lueur de ses flammes, à la distance de trois milles (1).

Il se fait de temps à autre, dans les diverses contrées du globe, des éruptions volcaniques qui ne sont que passagères. En 1584, à une demi-lieue de la ville d'Aigle, au canton de Berne, après de grands tremblemens de terre de dix à douze minutes, et qui redoublèrent pendant trois jours consécutifs, on vit un matin s'élancer d'un entre-deux de rocher une prodigieuse quantité de terre poussée par des exhalaisons renfermées, qui faisoient effort pour se porter au dehors. Cette terre combla en peu d'instans les vallons et

----

(1) Trévoux.

6

la campagne voisine. Un hameau entier en fut d'abord abîmé, à une maison près ; et la terre augmentant à mesure qu'elle rouloit comme une pelote de neige, ensevelit, dans un village au-dessous du hameau dont nous venons de parler, soixante-neuf maisons, cent six granges, plus de cent personnes, et quantité de bétail. Cette explosion de terre, accompagnée d'une grêle de pierres, et d'une nuée mêlée d'étin-celles et de fumée qui répandoit par-tout une odeur de soufre, occupa en-viron une lieue d'étendue et la largeur de douze arpens. Ce fut sans doute aux efforts que fit ce volcan pour se mettre au large, qu'on dut attribuer le tremblement de terre qu'on avoit éprouvé pendant quelques jours.

CÉLESTE.

Que les commotions de la nature sont violentes !

M. VALMONT.

Elles offrent quelquefois des singularités étonnantes. En 1660, Bordeaux et Narbonne éprouvèrent un tremblement de terre qui fit disparoître une montagne de Bigorre, et mit un lac en sa place. En 1663, après des secousses affreuses dans le Canada, un espace de cent lieues de rochers s'aplanit, et n'offrit plus aux yeux qu'une vaste plaine. « Un prodige de ce genre s'est vu de notre âge, dit Pline, la dernière année du règne de Néron. Au territoire de Maruce, un plant d'oliviers appartenant à Vectius Marcellus, chevalier romain, fut transporté tout entier au-delà du chemin public. »

On a vu aussi la mer mugissante franchir avec une force irrésistible ses limites, et lancer des navires au milieu des forêts. Ce fait est arrivé plusieurs fois, notamment lors des tremblemens de terre au Mexique. Dans un ouragan essuyé à la Guadeloupe le 9 septembre 1738, un vaisseau du port d'environ huit mille quintaux, ancré dans un mouillage, fut porté à plus de mille pas dans les terres.

Mais ne nous arrêtons pas à ces phénomènes passagers. J'ai promis de vous parler de ces monts imposans, dont le sommet pousse continuellement vers le ciel des tourbillons de fumée, et d'où sortent de temps à autre des flammes si prodigieuses, qu'elles semblent embraser tout l'espace des airs : c'est un tableau effrayant, mais il est digne d'admiration.

Je commencerai par le *mont Etna*, élevé de seize cent soixante-douze toises au-dessus du niveau de la mer. Les ravages que son feu a occasionnés remontent à la plus haute antiquité. On cite plusieurs éruptions qui portèrent la dévastation jusqu'à des distances très-éloignées : celle qui eut lieu du temps de Jules-César fut si violente, au rapport de Diodore de Sicile, que la mer, près de l'île de Lipari, brûloit les vaisseaux, et que les poissons mouroient de chaleur. (L'île de Lipari est à quarante milles (1) de la côte septentrionale de la Sicile.)

Voici la relation abrégée d'un voyage qu'y fit, en 1781, le commandeur de Dolomieu :

« Le 22 juin, je partis de Catane à la pointe du jour : j'étois à la tête d'une troupe de huit personnes ; je pris la route de Nicolosi, comme la plus agréable. La fraîcheur de l'atmosphère, la position charmante de toutes les maisons, les arbres qui les entourent, une campagne d'une fertilité prodigieuse, la vue de la mer et de Catane ; le soleil levant, qui, en frappant de ses rayons cette partie de la montagne, y répan-

---

(1) Le mille d'Italie a mille pas géométriques, c'est-à-dire, un peu plus d'un tiers de la lieue commune.

doit la vie et l'action, tout, en un mot,
se réunissoit pour nous offrir le spectacle le plus ravissant. J'arrivai à midi
à Nicolosi. Ici l'aspect de la campagne
change; toute la plaine inclinée qui
est au-dessus du village ne présente
plus que l'image de la dévastation. On y
voit un espace de deux milles de diamètre couvert de cendres noires et
rougeâtres, très-mobiles, et auxquelles
les vents donnent une forme d'ondula-
tion semblable à celle de la mer. Au
centre est une montagne conique, formée de scories rougeâtres, très-obscu-
res, qui lui ont fait donner le nom de
monte Rosso De son pied s'échappe
un courant de lave, à qui cent douze
ans n'ont encore changé ni l'intensité
de sa couleur noire très-foncée, ni di-
minué les aspérités de sa surface. Cette
lave porte avec elle l'image de l'enfer
ou du chaos, et fait une impression extraordinaire sur ceux qui la voient pour
la première fois. Elle présente, dans des

parties, des crevasses et des cavités profondes, et dans d'autres, des masses
énormes de scories et de matières fondues, que l'on ne peut concevoir s'être
ainsi soutenues et être restées presque
suspendues en l'air. Cette lave a formé
des grottes qui ont trois ou quatre
lieues de longueur, sur une largeur de
trois ou quatre toises, et une hauteur
de dix à vingt pieds. Les murs latéraux
et la voûte sont aussi lisses que s'ils
avoient été taillés à mains d'hommes.

» Je partis de Nicolosi à cinq heures
du soir; nous arrivâmes avant la nuit
au lieu que nous avions désigné pour
notre station, à la *grotte des Chèvres*.
C'est une excavation produite par la
dégradation des eaux sous un très-gros
rocher de lave, et qui peut contenir
une douzaine de personnes. Pour nous
préserver du froid, nous coupâmes un
gros arbre, et nous établîmes un très-
grand feu en face de la grotte : nous
avions recueilli des feuilles pour nous

coucher dessus. A minuit, j'appelai
tout le monde : je voulois arriver sur
le cratère au soleil levant. Nous marchions presqu'à tâtons ; le froid étoit
très - vif. Je fis plusieurs chutes et me
déchirai les jambes. J'arrivai sur la
plaine, auprès de la *tour du Philosophe*. (Des huit compagnons de voyage
qui avoient accompagné M. Dolomieu,
une partie avoient renoncé à l'entreprise,
les autres s'étoient égarés ; notre voyageur se trouvoit seul.) L'obscurité, le
silence et la solitude la plus absolue qui
régnoient autour de moi, continue-t-il,
l'absence de toute végétation, comme
de la plus légère trace d'aucun être
vivant, la flamme et la fumée que je
voyois de loin sortir du milieu des glaces et des neiges, tout, je l'avoue, étoit
fait pour m'inspirer de l'effroi.

» Cependant l'aurore commençoit à
rougir l'horizon ; moi - même je me
voyois éclairé par une flamme blanche
et tranquille, qui s'élevoit de la som-

mité de l'Etna et au-dessus d'une des pointes du cratère. Je traversai avec empressement la plaine qui me séparoit du pied du cône enflammé ; je marchois tantôt sur une neige très-dure et très-compacte, tantôt sur une cendre noire et mouvante, où j'enfonçois jusqu'aux genoux ; et plusieurs fois je pensai me précipiter dans des espèces d'entonnoirs, d'un ou de deux pieds de diamètre, qui étoient semblables à l'ellipse d'un fourneau, et d'où sortoit continuellement une fumée blanche et brûlante. Arrivé au pied du cône, je me trouvai alors au plus difficile de l'entreprise ; lorsque j'avois monté dix toises, je reculois d'autant, et me trouvois enseveli sous les scories. Enfin, après des peines inouies, après m'être écorché les mains et le visage, j'arrivai sur les bords du cratère un peu après le lever du soleil. »

ÉMILE.

Combien il en coûte de peines pour visiter ces lieux !

6*.

M. VALMONT.

Toutes ces souffrances augmentent peut-être encore la satisfaction que les voyageurs éprouvent : c'est comme l'épine qui, en nous piquant, semble nous faire trouver plus délicieux le parfum de la rose. Revenons à notre voyageur que nous avons laissé sur les bords du cratère. « Là, dit-il, je m'assis pour jouir du prix de mes peines. Je fus quelques momens à reprendre haleine et à me préparer au grand spectacle qui se présentoit à moi. L'air étoit pur et le ciel serein ; ma vue se portoit sur une étendue immense. Le soleil se levant derrière les montagnes de la Calabre, frappoit de ses rayons la masse de l'Etna, et une partie de l'île qu'il couvroit de son ombre restoit encore dans les ténèbres. A mesure que le soleil montoit au-dessus de l'horizon, toutes ces contrées paroissoient sortir du néant, et je croyois présider à leur

création. Jamais spectacle plus grand
et plus imposant ne pouvoit s'offrir à
mes regards.

» Le diamètre du cratère est d'environ cinq cents pas. L'intérieur ne présente plus ce vaste gouffre décrit dans
plusieurs relations ; mais il renferme
une espèce de plaine qui n'est qu'à
douze pieds au-dessous des bas-bords
du cratère, et qui est entourée d'escarpemens. Il ne me fut pas possible de
descendre dans ce bassin, quelque désir que j'en eusse, et les tentatives que
je fis furent périlleuses, mais sans succès. Je vis du lieu où j'étois, qu'il renfermoit plusieurs monticules coniques,
ressemblant parfaitement à des pyramides ou cônes de charbon dans lesquels le feu seroit, et dont la fumée
sortiroit de tous les points de la surface. Je comptai sept de ces monticules
élevés sur ce plafond à différentes distances les uns des autres : le plus haut
peut avoir vingt toises. Chacun d'eux

a sur son sommet une petite ouverture
d'où la fumée sortoit par bouffées. Dans
le centre de cette plaine, j'aperçus une
cavité en forme d'entonnoir, d'une
vingtaine de toises de diamètre, mais
dont je ne pus pas juger la profondeur.
Il en sortoit, ainsi que d'une infinité de
petits trous de ce même sol et des
bords du cratère, une fumée abondante, dont l'odeur me parut semblable à celle de l'acide sulfureux. Je restai
à peu près une heure et demie à observer tout ce qui m'entouroit ; enfin, je
fus chassé de ma station par le froid,
qui m'avoit pénétré jusqu'aux os, quoique je fusse extrêmement convert et
que de temps en temps je me chauffasse
les mains à la fumée qui sortoit de
toutes parts autour de moi. »

Une éruption de l'Etna, arrivée le
12 janvier 1693, fit des ravages ef-
froyables. Le dégorgement du volcan
fut précédé d'un tremblement de terre
qui se fit sentir dans toute la Sicile, et

dura trois jours à diverses reprises. Les villes de Catane et d'Agouste, distantes de quatre milles du volcan, furent entièrement détruites. Il se fit dans la montagne une ouverture de plus de soixante toises de circonférence, qui vomissoit, avec un mugissement horrible, des tourbillons de flammes et des quartiers de rochers à demi-calcinés. Les petites villes de Carlentini, de Leontini et de Modica, furent ensevelies sous les cendres. On vit un torrent de laves, d'une lieue de large, couler avec impétuosité dans la campagne, anéantissant tout sur son passage. Cette rivière de feu ne fut arrêtée que par la mer, où elle alla se jeter.

L'éruption de 1766 présenta un phénomène singulier. Il s'élança d'abord de la bouche du volcan une grande quantité de scories, qui formèrent une espèce de retranchement circulaire : elles firent ainsi obstacle au cours de la lave qui sortit peu après, et s'y accumula

comme dans un bassin. Lorsqu'il fut
plein, elle passa par-dessus ses bords,
et présenta alors le superbe spectacle
d'une cascade de feu et de matières enflammées, qui avoient presque autant
de fluidité que l'eau.

Mme VALMONT.

Le feu de l'Etna fit naître une de
ces actions sublimes qui honorent l'hu-
manité. Deux enfans, Anphinone et
son frère, fuyoient loin du volcan dé-
vastateur, lorsqu'ils aperçurent leur
père et leur mère, accablés de vieillesse
et d'infirmités, sortant de leur maison,
et pouvant à peine marcher. Ils cou-
rent à eux, les prennent dans leurs
bras, et partagent ce précieux fardeau,
sous lequel ils sentent augmenter leurs
forces. Quoique l'incendie exerce sa fureur de tous côtés, les deux frères parviennent à échapper à ses ravages, et
conservent ainsi la vie aux auteurs de
leurs jours. Les poëtes ont célébré les

louanges de ces deux enfans, et Syra-cuse et Catane se disputent encore aujourd'hui l'honneur de leur avoir donné la naissance.

ÉMILE.

A moins que d'avoir un bonheur aussi grand que celui d'Anphinone, je ne voudrois pas habiter dans le voisi-nage d'un volcan.

M. VALMONT.

On voit cependant des villages, des bourgs, des villes, construits sur le sol même où ont existé d'autres villages, d'autres bourgs, d'autres villes que des éruptions ont fait disparoître. Des ha-bitans de Catane, en creusant, trou-vèrent, à la profondeur de soixante-huit pieds, d'anciens monumens de marbre, qui font conjecturer que cette ville étoit anciennement dans un fond, et que ces vastes torrens de flammes, entraînant avec eux beaucoup de ma-

tières, en auront comblé le pays, et
élevé ainsi le terroir où Catane d'aujourd'hui se trouve située sur ses pro-
pres ruines.

La ville d'Herculanum, presque dé-
truite sous le règne de Néron, avoit été
reconstruite par ses habitans ; durant
le règne de Titus, elle fut de nouveau
abîmée sous un fleuve de laves sorti
de la bouche du Vésuve. Pompeïa fut
de même engloutie : eh bien, on a bâti
Portici presque sur le lieu où furent ensevelies Herculanum et Pompeïa.

Regardez ce dessin ; il vous donnera
une idée de l'effet terrible de ces descrip-
tions. Cette formidable gerbe de feu,
qui dura trois quarts d'heure de suite,
s'éleva jusqu'à une hauteur prodigieuse.
On a estimé qu'elle devoit avoir égalé
celle de trois fois le Vésuve, ce qui peut
revenir à deux mille pas géométriques,
ou dix mille pieds.

Pline le jeune, en racontant la mort
de son oncle Pline l'ancien (le plus

grand naturaliste de l'antiquité), nous a transmis la description d'une éruption terrible du Vésuve, arrivée l'an 79 de Jésus-Christ. Écoutez cette lettre, qui étoit adressée à l'historien Tacite :

« Mon oncle, dit Pline, étoit à Misène, où il commandoit la flotte. Le 23 d'août, une heure environ après midi, comme il étoit sur son lit, occupé à étudier, ma mère monte à sa chambre, et lui annonce qu'il s'élève dans le ciel un nuage d'une grandeur et d'une figure extraordinaire. Mon oncle se lève ; il examine le prodige, mais sans pouvoir reconnoître, à cause de la distance, que ce nuage montoit du Vésuve. Il ressembloit à un grand pin ; il en avoit la cime, il en avoit les branches. Sans doute un vent souterrain le poussoit avec impétuosité, et le soutenoit dans les airs. Il paroissoit tantôt blanc, tantôt noir, tantôt de diverses couleurs, suivant qu'il étoit plus ou moins chargé ou de cailloux ou de

cendres. Mon oncle fut étonné ; il crut
ce phénomène digne d'être examiné de
près. Vite, une galère ! dit-il ; et il
m'invite à le suivre : j'aimai mieux rester pour étudier. Mon oncle sort donc
seul, et, ses tablettes à la main, il s'em-
barque.

» Le tremblement de terre qui depuis plusieurs jours agitoit aux environs tous les bourgs et les villes, aug-
mentoit à tout moment. J'allai auprès
de ma mère, et nous descendîmes dans
la cour. Nous y restâmes quelque temps
tranquilles ; mais bientôt les maisons
chancelèrent à un tel point, que nous
résolûmes de quitter Misène. Le peuple
épouvanté nous suivit : car la frayeur
imite quelquefois la prudence. Sortis de
la ville, nous nous arrêtons : nouveaux
prodiges, nouvelles terreurs. Le rivage,
qui s'élargissoit sans cesse, couvert de
poissons demeurés à sec, s'agitoit à tout
moment, et repoussoit fort loin la mer
irritée, qui retomboit sur elle-même,

tandis que devant nous s'avançoit, des
bornes de l'horizon, un nuage noir,
chargé de feux sombres, qui continuellement le déchiroient et jaillissoient en
larges éclairs.

» Un de nos amis vient à nous ef-
frayé, et nous crie : Sauvez-vous!
Presque aussitôt la nue s'abat des cieux
sur la mer, et l'enveloppe : elle nous
dérobe l'île de Caprée et le promontoire
de Misène. — Sauve-toi, mon cher fils,
s'écrie ma mère, sauve-toi! tu le dois
et tu le peux, car tu es jeune et agile ;
pour moi, chargée d'années et d'infirmités, je suis satisfaite si je ne suis point
cause de ta mort. — Ma mère, point de
salut pour moi qu'avec vous ! Je la
prends par la main et je l'entraîne. —
O mon fils ! disoit-elle en pleurant, je
te retarde !

» Déjà la cendre commençoit à tomber ; je tourne la tête : une épaisse fumée qui inondoit la terre comme un
torrent, se précipitoit vers nous. J'en-

gageai ma mère à quitter le grand chemin, parce que la foule qui accouroit
nous eût étouffés dans les ténèbres. A
peine nous étions-nous détournés, qu'il
fit absolument nuit. Alors ce ne fut
plus que plaintes de femmes, que gé-
missemens d'enfans, que cris d'hommes.
On entendoit à travers les sanglots et
avec les divers accens de la douleur :
Mon père ! mon fils ! ma femme !
On ne se reconnoissoit qu'à la voix.
Celui-ci déploroit sa destinée, celui-là
le sort de ses proches ; les uns implo-
roient les dieux, les autres cessoient
d'y croire ; plusieurs appeloient la mort
même contre la mort. On disoit que
l'on étoit maintenant enseveli avec le
monde dans la dernière des nuits, dans
celle qui devoit être éternelle ; et au
milieu de tout cela, que de récits fu-
nestes ! que de terreurs imaginaires !
La frayeur outroit tout et croyoit tout.

» Cependant une lueur perce les ténèbres ; c'étoit l'incendie qui appro-

choit ; mais il s'arrête, s'éteint ; la nuit redouble, et avec la nuit, la pluie de cendres et de pierres. Nous étions obligés de nous lever de moment en moment pour secouer nos habits. . . . . Enfin, cette épaisse et noire vapeur peu à peu se dissipe ; le jour renaît ; le soleil même reparoît, mais terne et jaunâtre, tel qu'il se montre dans une éclipse. Quel spectacle s'offrit alors à nos regards encore incertains et troublés ! Toute la terre étoit ensevelie sous la cendre, comme elle l'est en hiver sous la neige : le chemin ne paroissoit plus. Nous retournâmes à Misène, qui avoit été abandonnée. Nous reçûmes bientôt après des nouvelles de mon oncle : hélas ! nous avions toute raison d'en être inquiets !

» Je vous ai dit qu'après nous avoir quittés à Misène il étoit monté sur une galère : il dirigea sa route vers Rétine et les autres bourgs menacés. Tout le monde en fuyoit ; il y entre. Au milieu de la confusion générale, il observe attentivement la nue, il en suit tous les phénomènes, et à mesure il dictoit à son secrétaire le récit de ses observations. Mais déjà une cendre épaisse et brûlante s'abattoit sur sa galère, déjà les pierres tomboient à l'entour; déjà le rivage étoit comblé de quartiers entiers de montagnes : mon oncle hésite s'il retournera sur ses pas, ou s'il gagnera la pleine mer. La fortune seconde le courage, s'écrie-t-il; tournez vers Pomponianus. Pomponianus étoit à Stabie; mon oncle le trouve tout tremblant. Il l'embrasse, l'encourage; et, pour rassurer son ami par sa sécurité, demande un bain, se met ensuite à table, et soupe gaîment, ou du moins, ce qui prouveroit autant de caractère, avec toutes les apparences de la gaîté.

» Cependant le Vésuve s'enflammoit de toutes parts dans la profondeur des ténèbres. Ce sont des villages abandonnés qui brûlent, disoit mon oncle à la foule, pour tâcher de la rassurer. Ensuite il se couche, il s'endort. Il dormoit du sommeil le plus profond, lorsque la cour de la maison commence à se remplir de cendres : toutes les issues s'obstruoient. On court à lui; il fallut l'éveiller. Il se lève, il rejoint Pomponianus, et délibère avec lui et sa suite sur le parti qu'il faut prendre. Resteront-ils dans la maison? fuiront-ils dans la campagne? S'ils restent, comment échapper à la terre qui s'entr'ouvre, et, s'ils fuient, aux pierres qui tombent? On choisit le dernier parti. A l'instant on sort de la ville, et pour toute précaution on se couvre la tête d'oreillers. Le jour commençoit partout ailleurs, mais là continuoit la nuit: nuit horrible! la nue en feu l'éclairoit. Mon oncle voulut s'approcher du rivage, malgré la mer qui étoit encore grosse ; il descend, boit de l'eau, fait étendre un drap, et se couche. Tout à coup des flammes ardentes, précédées

d'une odeur de soufre, brillent, et font
fuir au loin tout le monde. Mon oncle,
soutenu par deux esclaves, se lève;
mais soudain, suffoqué par la vapeur,
il retombe et cesse d'exister. »

CÉLESTE.

Quelle catastrophe ! Et comment ne
fuit-on pas à jamais un lieu si terrible ?

M. VALMONT.

Les éruptions du Vésuve, sa fumée
et le feu qu'il vomit continuellement,
l'épouvante qu'il a répandue autour de
lui à différentes époques, les villes et
les villages qu'il a fait disparoître, tout
cela n'empêche pas non-seulement d'habiter aux environs, mais même de le
fréquenter assez légèrement. L'homme
s'est tellement familiarisé avec cet imposant spectacle, que journellement des
voyageurs bravent tous les dangers
pour visiter ce mont. On en a vu jou-
ter à qui s'approcheroit davantage du

cratère, à qui s'y maintiendroit plus long-temps ; entre autres, le duc d'Hamilton et le docteur Moore, qui y firent un voyage, faillirent être victimes de leur hardiesse : un banc de laves sur lequel ils s'étoient assis, tomba dans l'abîme au moment où ils venoient de le quitter.

Je vais terminer cet entretien par le récit de la visite que fit au sommet du Vésuve l'élégant auteur des *Lettres sur l'Italie :*

« Arrivé vers les six heures du soir à Resina, petit village au-delà de Portici, je quitte, dit ce voyageur, la voiture qui m'a conduit, et je monte sur un mulet. Trois hommes robustes m'accompagnent avec une provision de flambeaux. Je commence par monter entre deux champs couverts de peupliers, de mûriers, de figuiers entrelacés de vignes souples et vigoureuses, qui tantôt s'appuient et se suspendent à ces arbres, tantôt montent et se soutiennent d'elles-mêmes au milieu des airs.

» Après avoir traversé pendant une heure de beaux vergers, j'arrive à une lave immense : le Vésuve l'a vomie dans une éruption, il y a environ soixante ans. Elle fit pâlir toute la ville de Naples ; mais, après l'avoir menacée un moment, elle s'arrêta là. Quoique arrêtée et éteinte, elle effraie encore et menace. Les bords de cette lave sont tapissés, comme les bords de la Seine, de gazons et de fleurs, et ombragés çà et là de jeunes arbustes qu'une cendre féconde arrose, pour ainsi dire, et nourrit toujours. Après avoir suivi quelque temps un sentier difficile, je me trouvai sur des rochers affreux, au milieu de la cendre mouvante. Là, la terre cesse pour le pied des animaux, mais non pas pour celui de l'homme. Nous gravîmes péniblement des monceaux de scories qui s'écrouloient sous nos pas. Je m'arrêtai un moment pour contempler.

» Devant moi, les ombres de la nuit et les nuages s'épaississoient de la fumée du volcan, et flottoient autour du mont; derrière moi, le soleil, précipité au-delà des montagnes, couvroit de ses rayons mourans la côte de Pausilype, Naples et la mer, tandis que, sur l'île de Caprée, la lune à l'horizon paroissoit; de sorte qu'en cet instant je voyois les flots de la mer étinceler à la fois des clartés du soleil, de la lune et du Vésuve. Lorsque j'eus contemplé cette obscurité et cette splendeur, cette nature affreuse, stérile, abandonnée, et cette nature riante, animée, féconde, l'empire de la mort et celui de la vie, je me jetai à travers les nuages et je continuai de gravir. Je parvins enfin au cratère.

» C'est donc là ce formidable volcan qui brûle depuis tant de siècles, qui a submergé tant de cités, qui a consumé des peuples; qui menace à toute heure cette vaste contrée, cette Naples, où dans ce moment on rit, on chante, on danse, on ne pense pas seulement à lui! Quelle lueur autour de ce cratère! quelle fournaise ardente au milieu! D'abord ce brûlant abîme gronde; déjà il vomit dans les airs, avec un épouvantable fracas, à travers une pluie épaisse de cendres, une immense gerbe de feu : ce sont des millions d'étincelles; ce sont des milliers de pierres, que leur couleur noire fait distinguer, qui sifflent, tombent, retombent, roulent : en voilà une qui roule à cent pas de moi. L'abîme tout à coup se referme, puis tout à coup il se rouvre, et vomit encore un incendie. Cependant la lave s'élève sur les bords du cratère; elle gronde, elle bouillonne, coule et sillonne en longs ruisseaux de feu les flancs de la montagne.

» J'étois vraiment en extase. Ce désert, cette hauteur, cette nuit, ce mont enflammé !... J'aurois voulu passer la nuit auprès de cet incendie, et voir le soleil, à son retour, l'éteindre de l'éclat de ses rayons éblouissans ; mais le vent, qui souffloit avec impétuosité, m'avoit déjà glacé, et je retournai sur mes pas. »

La hauteur du Vésuve a été évaluée à trois mille sept cent quatre-vingts pieds au-dessus du niveau de la mer.

ÉMILE.

Je conçois que l'aspect de ces monts embrasés doit être quelque chose de noble, de majestueux, d'imposant ; qu'ils doivent offrir à l'œil étonné un des plus beaux spectacles de la nature : c'est dommage qu'ils portent l'effroi et la désolation parmi les hommes.

M. VALMONT.

Les volcans, que le vulgaire regarde comme des fléaux terribles et destruc-teurs, garantissent de désastres bien plus grands encore ; ils sont un préservatif des tremblemens de terre qui feroient éprouver au globe des ravages bien plus épouvantables. Lisbonne eût été en sûreté, si les feux souterrains rassemblés dans ses cantons avoient pu se faire jour et se porter librement au dehors. Si l'Etna et le Vésuve ne vomissoient leur bitume et leur lave dans des périodes réglées, il y a long-temps que la Sicile et le royaume de Naples ne seroient plus.

En France, il y a une montagne qu'on peut regarder comme le Vésuve en petit : elle se trouve dans le département de l'Aveyron, près le village de Cransac ; sa hauteur est d'environ quatre cents pieds. Pendant le jour, le feu n'est pas visible ; mais dans l'obscurité de la nuit, la vapeur qui s'exhale du cratère la fait paroître tout en flammes : on l'appelle, dans le pays, *la Montagne brûlante*.

En terminant son entretien, M. Valmont annonça à sa petite famille que le lendemain il lui donneroit, dans son jardin, le spectacle d'une petite éruption volcanique, en renfermant dans la terre un mélange de soufre et de limaille de fer, dont la fermentation, excitée par la seule chaleur du soleil, produiroit une explosion à l'instar des grands volcans. L'annonce de cette explosion réjouit beaucoup les enfans, et leur fit désirer avec impatience la journée du lende-main.

QUATRIÈME ENTRETIEN.

Grotte.

———

LE petit volcan préparé par M. Valmont avoit, à l'heure de midi, produit son éruption, à la grande satisfaction de tous les spectateurs ; car Émile et Céleste avoient invité plusieurs camarades à venir être témoins de cette expérience (1). Cela avoit fait perdre un

———

(1) Faites un mélange de parties égales de limaille de fer et de soufre pulvérisé, réduisez-le en pâte avec de l'eau, et enfouissez une quantité de cette pâte, comme une cinquantaine de livres, à un pied environ sous terre : si le temps est chaud, vous verrez, après une dixaine d'heures environ, la terre se boursouffler, se crever, et sortir des flammes qui agrandiront les ouvertures, et répandront à l'entour une poudre jaune et noirâtre.

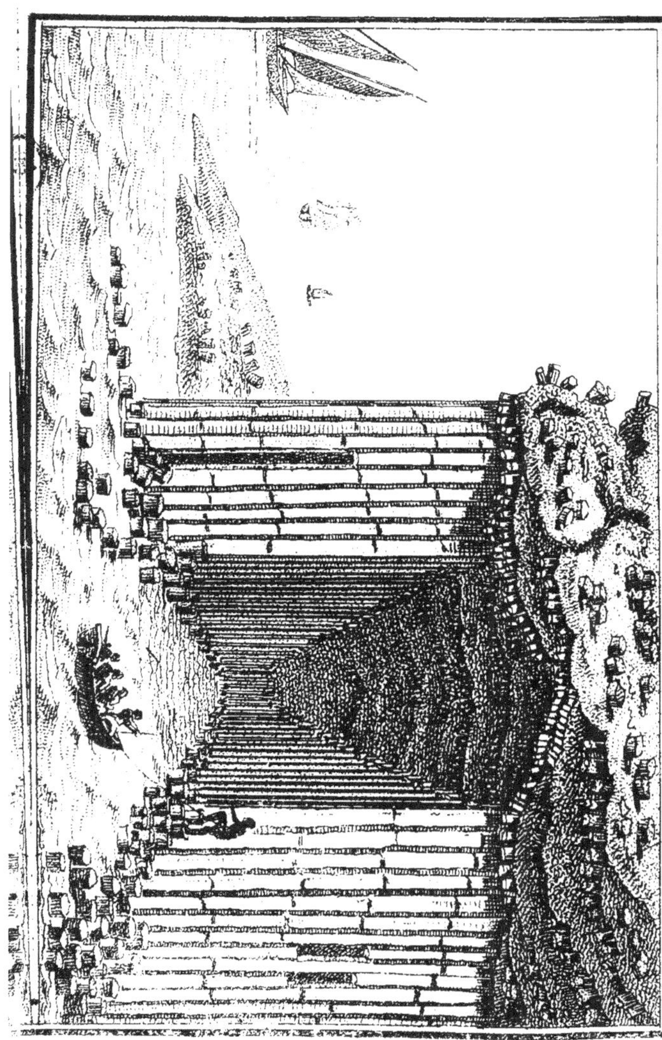

peu de temps pour l'étude ; mais on le regagna dans le cours de la journée, et les leçons n'en souffrirent point.

Depuis que M. Valmont avoit désigné comme une récompense la petite lecture du soir, ses enfans, naturellement studieux, s'appliquoient encore davantage à bien remplir leur devoir. Le bon père ayant été satisfait, apporta sur la table le petit manuscrit. Des dessins curieux représentant différentes grottes naturelles, fixèrent l'attention des enfans. Oh, papa ! s'écrièrent-ils, cela doit être bien intéressant ? — Oui, mes enfans; ces productions merveilleuses ne sont pas ce qu'il y a de moins admirable parmi les ouvrages de la nature. Nous allons examiner ce qu'il y a de plus remarquable en ce genre dans diverses contrées. Commençons par la *Grotte de Fingal*, dans l'île de Staffa, en Écosse; nous en avons la gravure sous les yeux : vous voyez qu'elle représente une espèce de temple d'un aspect majestueux.

7*

L'île de Staffa est fort petite (elle n'a
qu'un tiers de lieue dans sa longueur ,
et dans sa largeur seulement un sixième);
mais la nature l'a rendue digne de la
curiosité des hommes ; c'est un grand
rocher volcanique. Toute l'extrémité
sud-ouest de l'île est assise sur des ran-
gées de colonnes naturelles , dont la
plupart ont plus de cinquante pieds de
hauteur ; elles sont disposées en colonnades qui suivent les sinuosités des baies
et des caps. Ces colonnades reposent
sur une roche dure et informe ; le sommet du couronnement est recouvert
d'un peu de terre végétale , où il pousse
seulement du gazon. Venons à grotte.

Ce superbe monument d'un grand
incendie souterrain qui se perd dans
l'antiquité des temps, a un caractère
d'ordre et de régularité si étonnant,
qu'il est difficile à l'observateur le plus
froid et le moins sensible aux phénomènes qui tiennent aux révolutions du
globe, de n'être pas singulièrement

étonné à l'aspect de ce palais naturel
qui semble tenir du prodige. L'esprit
se feroit difficilement l'idée d'un coup
d'œil plus imposant que celui d'une arcade immense en profondeur, soute-
nue de chaque côté par des rangs de
colonnes dont les voûtes sont formées
de tronçons de colonnes semblables, et
entre les angles desquels s'est incrustée
une sorte de mastic jaune, qui sert à
faire remarquer ces angles, en même
temps qu'il en varie les teintes de la manière la plus agréable. Cette grotte est
éclairée du dehors, et de l'entrée on
en distingue parfaitement le fond. L'air
intérieur, continuellement agité et re-
nouvelé par le flux et le reflux de la mer,
est parfaitement salubre, et purgé de
ces vapeurs qui s'amassent ordinairement dans les cavernes naturelles.

L'entrée de ce beau monument a
trente-cinq pieds d'ouverture, sa hauteur cinquante-six, et sa profondeur
cent quarante. Les colonnes verticales

qui composent la façade sont de la plus
parfaite régularité; elles ont quarante-
cinq pieds d'élévation jusqu'à la voûte.
Le cintre est composé de deux demi-
courbes inégales, et qui forment une
espèce de fronton naturel. Le massif
qui couronne le toit, ou plutôt qui le
forme, a vingt pieds dans sa moindre
épaisseur; c'est un composé de prismes
d'un petit calibre, plus ou moins régu-
liers, affectant toutes sortes de directions, étroitement unis et cimentés
en dessous et dans les joints par de la
matière calcaire d'un blanc jaunâtre,
et par des infiltrations zéolitiques, qui
donnent à ce beau plafond l'aspect d'une
mosaïque.

La mer pénètre jusqu'à l'extrémité
de la grotte; et, sans cesse agitée, ses
vagues se brisent et se divisent en
écume, en frappant avec fracas contre
le fond et les parois de la caverne. Le
jour pénètre, en se dégradant, dans
toute sa profondeur, avec des accidens

de lumière d'un effet merveilleux. Le côté droit de l'entrée présente, à sa partie extérieure, un amphithéâtre assez vaste, formé par divers rangs de gros prismes tronqués, sur lesquels on peut facilement marcher. On peut entrer dans la grotte par le côté droit seulement, en suivant cette plate-forme; mais la voie se rétrécit, et la route devient bien difficile à mesure qu'on avance : car cette espèce de galerie intérieure, exhaussée de plus de quinze pieds sur le niveau de l'eau, n'est formée que de prismes tronqués, placés verticalement et plus ou moins élevés, entre lesquels il faut avoir l'adresse de choisir des passages, qui sont quelquefois si étroits et si glissans, à cause des suintemens, qu'il est très-prudent de marcher pieds nus. A mesure qu'on avance, l'espèce de balcon hardi sur lequel on a cheminé, s'agrandit, et présente un emplacement assez vaste, disposé en plan incliné, formé par des

milliers de colonnes verticales tronquées. On arrive ainsi à l'extrémité
de la grotte, terminée par un mur de
colonnes d'un seul jet et d'une iné-
gale grandeur, qui imitent un buffet
d'orgues.

Que sont, auprès de ces monumens
naturels, les palais et les temples bâtis
de la main des hommes ? de petits mo-
dèles et des jouets d'enfans ; des imita-
tions aussi mesquines que le seront toujours les ouvrages de l'art, comparés à
ceux de la nature. La régularité, seule
partie dans laquelle l'art se flattoit de
surpasser la nature, se trouve ici déve-
loppée avec avantage.

Les habitans l'appellent *Grotte de
Fingal*, parce qu'ils supposent que
Fingal, père d'Ossian, y faisoit son séjour. Cet amas de colonnes basaltiques
a quelque chose de si merveilleux, que
ces habitans, imbus des préjugés de
leur mythologie, n'hésitent pas de croire
que l'origine en est surnaturelle.

ÉMILE.

Comment ont-elles pu se former ?

M. VALMONT.

Voici l'explication qu'en donnent les physiciens : il paroît que toutes ces masses ont été anciennement en fusion après l'éruption d'un volcan, et que, subitement refroidies par les eaux de la mer, il s'y est fait des crevasses qui les ont divisées en plusieurs couches, et surtout en une innombrable quantité de colonnes à quatre, cinq ou six pans.

Parlons maintenant de la *Grotte de Castleton*, en Angleterre. Son entrée présente un aspect si hideux, qu'on l'a nommée *le Cul du diable*. Cette grotte est située au pied d'un grand escarpement formé par la nature sur la croupe d'une montagne coupée à pic, au-dessus de laquelle est un vieux château, bâti, dit-on, du temps d'Édouard surnommé *le Prince Noir*. L'entrée prin-

cipale a cent vingt pieds anglois de largeur, sur quarante de hauteur : pour
pénétrer dans cette caverne, il faut un
guide. Un voyageur françois (Faujas-
Saint-Fond) l'a visitée, et nous en a
donné la description suivante :

« Nous entrâmes d'abord dans le premier vestibule; il a quarante-deux pieds
de hauteur, cent vingt de largeur, et
deux cent soixante-dix de profondeur.
La clarté dans ce vaste emplacement
conserve sa force à l'entrée, s'affoiblit
graduellement à mesure que les voûtes
s'enfoncent, ou que les avant-corps
forment des saillies plus ou moins avan-
cées. Cet effet est d'autant plus piquant,
que ce tableau est animé par deux ate-
liers, l'un de corderie, l'autre de lacets
et de rubans de fil, établis dans l'intérieur du vestibule. Tout est en action,
tout est en mouvement dans ce lieu
en apparence si solitaire. L'on voit,
d'une part, de jeunes filles tourner des
roues plus ou moins grandes, ployer

des rubans, dévider et chanter en même temps, tandis que des hommes filent des cordes, façonnent des câbles ou les arrangent en cercle. Ce qu'il y a de bien extraordinaire encore, c'est que deux maisons, en face l'une de l'autre, sont construites dans cet antre souterrain; qu'elles sont isolées et nullement appuyées contre le rocher; qu'elles ont des toits, des cheminées, des portes et des fenêtres, et qu'elles sont habitées par plusieurs ménages.

» Hall, notre conducteur, après avoir distribué à chacun de nous un flambeau allumé, ouvrit la porte d'une galerie souterraine placée au fond du vestibule, et nous engagea à le suivre dans le labyrinthe ténébreux dont il s'empressa de tenir le fil. Le chemin ne nous parut d'abord ni agréable ni facile; on pouvoit se tenir debout et à l'aise dans quelques parties; dans d'autres la voûte étoit si surbaissée, qu'il falloit marcher courbé pour ne pas se

blesser contre les inégalités du rocher.
Cette première galerie a quatre cent cinquante pieds de longueur. On y trouve
du sable amoncelé, formant une petite
dune oblongue, mais peu élevée. Hall,
attentif aux plus légères circonstances,
ne manqua pas de nous faire admirer ce
sable, et de nous dire qu'il étoit l'ouvrage
de l'eau; que cette eau venoit d'un étang
souterrain que nous allions bientôt
rencontrer, et qu'elle grossissoit après
des pluies abondantes, et entraînoit ce
sable en rendant la grotte inaccessible
dans ces temps de débordement.

» Notre guide nous entretenoit, chemin faisant, et avec des gestes expres-
sifs, de la rapidité du courant, de l'élévation de l'eau, de sa qualité, du bruit
qu'elle produisoit, lorsqu'un petit lac,
sur lequel flottoit une nacelle, interrompit tout à coup notre route. Ce
lac, qui n'avoit guère que trois pieds
de profondeur, est encaissé dans le roc
vif, et se prolonge sous une voûte très-

basse, dont nous ne pouvions pas voir l'issue. Il fallut s'arrêter ici.

» Nous étions autour de cette eau, et la lumière de nos torches d'où s'exhaloit une fumée noire, se peignoit dans le fond du lac avec nos pâles images ; il nous sembloit voir alors une troupe d'ombres sortant d'un abîme profond pour venir au-devant de nous : l'illusion étoit frappante. Cet amas d'eau a quarante-huit pieds de largeur dans cette partie ; c'est ce que Hall appelle la *première eau*. Il nous avertit qu'il falloit la traverser un à un dans le petit canot, en s'y tenant couché, afin de pouvoir passer sous la voûte, qui est fort basse et fort étroite, mais en nous assurant en même temps qu'il n'y avoit aucun danger. Le comte Andréani voulut s'embarquer le premier ; il se coucha tout du long dans le petit bateau garni de paille au fond. Le guide entra dans le lac, et baissant la tête presqu'au niveau de l'eau, poussa d'une main la nacelle tandis qu'il portoit une lumière de l'autre. Cinq minutes suffisent pour faire ce trajet et pour venir chercher un autre passager.

» Il est impossible, quelque gaîté qu'on ait dans le caractère, de ne pas voir ici le tableau du passage des morts dans la barque fatale. Tout le cortége étant arrivé, et Hall s'étant un peu ressuyé, et ayant bu un verre de rum à la santé des voyageurs, afin de se réchauffer un peu, nous fit admirer la vaste capacité du lieu où nous nous trouvions. Nous étions en effet dans une caverne de cent vingt pieds d'élévation sur deux cent soixante-dix de longueur et deux cent dix de largeur. On est réellement étonné de rencontrer dans le centre d'une roche aussi dure, des excavations de ce genre et de cette étendue ; on ne sait ce qu'ont pu devenir les matériaux qui ont dû occuper autrefois de si grands vides.

» Nous trouvâmes encore de l'eau

dans un passage qui est à l'extrémité de cette vaste caverne; c'est ce que le guide appelle la *seconde eau*; mais on a la facilité de passer sur une plate-forme élevée à côté du bord du petit lac, qui n'a que trente pieds de longueur. Après avoir franchi ce passage, on entre encore dans une très-vaste caverne; mais l'on trouve auparavant une masse du haut de laquelle l'eau suinte goutte à goutte, en déposant un sédiment calcaire. L'imagination a changé cet avant-corps en une maison; et cette prétendue maison recevant sans cesse des gouttes d'eau, on en a fait l'habitation du génie de la pluie : c'est la maison de *Roger-la-Pluie*.

» En avançant un peu, on entre dans la grande caverne, appelée *le Presbytère*. Les voûtes en sont élevées; l'on voit à leur naissance diverses cavités qui imitent des portes et des fenêtres gothiques. De grandes et larges stalactites (1) semblent se déployer ici en manière de draperies et de rideaux, et descendant du haut des voûtes sur des parties saillantes de rochers d'un effet très-piquant. Le pavé sur lequel on marche est assez égal ; c'est le rocher en nature, recouvert de temps en temps de quelques stalagmites : on se croit ici dans une immense église gothique.

» A mesure que l'on entre, le conducteur fait signe à tous avec la main, et d'un geste expressif, de garder le silence, comme pour inspirer du respect ; il recommande surtout à chacun, et à voix très-basse, de ne regarder

____

(1) On appelle *stalactites* des congélations produites par des gouttes d'eau qui tombent de la voûte des grottes, se pétrifient et forment différentes figures ; elles sont transparentes comme l'eau, souvent pyramidales, différentes en cela des *stalagmites*, qui sont opaques et toujours rondes. Ces dernières sortent des parois latérales ou du sol des grottes.

derrière soi que lorsqu'il en sera temps et lorsqu'il avertira. Il réunit alors son monde en groupe, se met en avant en les regardant en face, et marche à reculons, comme s'il commandoit l'exercice. Il ne cesse alors de faire des gestes et des signes pour occuper lui seul toute l'attention. Il prie la compagnie de porter toujours la vue sur lui, de peur qu'on ne soit tenté de regarder derrière soi. Enfin, lorsqu'on est arrivé de cette manière presqu'à l'extrémité de cette caverne, il arrête son monde. On entend alors des voix douces et harmonieuses qui partent du haut des voûtes; on tourne involontairement la tête pour voir d'où viennent ces voix angéliques, et l'on aperçoit derrière soi, dans le lointain, et dans une niche naturelle creusée dans le rocher, à quarante-huit pieds de hauteur, cinq figures vêtues de blanc, immobiles comme des termes, tenant une lumière à chaque main, et chantant en partie un air superbe et

mélodieux, sur des paroles de Shakespeare.

» On voit que Hall faisoit jouer les
grandes machines en notre faveur; il
étoit ravi de notre surprise, et triom-
phoit de notre étonnement. En effet,
cette scène inattendue fit une impression très-vive et en même temps très-
agréable sur nous : elle avoit un caractère touchant et mélancolique, qui tenoit moins, peut-être, au chant et aux
paroles, qu'au lieu profond et reculé
qui nous séparoit du reste de la nature.
Ils entendoient merveilleusement leurs
affaires, ceux qui, dans les anciennes
initiations, avoient eu l'adresse de choisir des antres pareils : ce n'étoit jamais
que dans des antres souterrains que
l'on procédoit aux grands mystères.

» Après avoir entendu nos chan-
teuses, nous nous remîmes en route et
marchâmes en avant dans une galerie
profonde. Nous venions d'entendre des
anges ; il fallut faire un petit tour en

depuis l'entrée jusqu'à la partie où sont les noms, est au moins de deux mille sept cent quarante-deux pieds. Nous fîmes ce voyage, qui dura plusieurs heures, sans le plus léger accident, et nous revînmes de même. »

CÉLESTE.

Ces grottes sont bien curieuses, et, malgré l'effroi que doit inspirer certains passages, je serois bien contente de les visiter.

M. VALMONT.

Il en existe en France que je vais vous faire connoître, et qui sont aussi très-curieuses ; mais, auparavant, visitons la *Grotte d'Antiparos* et la *Grotte du Chien*. La petite île d'Antiparos est un écueil de seize milles de tour ; elle ne tint aucun rang jusqu'au moment où l'on découvrit la belle grotte qu'elle renferme. C'est M. de Nointel, ambassadeur françois à la Porte, qui la fit connoître le premier en Europe. Il y descendit en 1673, accompagné d'un grand nombre de personnes, et fit célébrer la messe dans la salle qui termine cet immense souterrain. Voici la description qu'en a donnée Tournefort :

« Une caverne rustique se présente d'abord, large d'environ trente pas, voûtée en arc surbaissé. Ce lieu est partagé en deux par quelques piliers naturels ; entre les deux piliers est un petit terrain en pente douce. On avance ensuite jusqu'au fond de la caverne par une pente plus rude, d'environ vingt pas de longueur : c'est le passage pour aller à la grotte, et ce passage n'est qu'un trou fort obscur, par lequel on ne sauroit entrer qu'en se baissant, et où l'on ne voit que par le secours des flambeaux.

» On descend d'abord dans un précipice horrible, à l'aide d'un câble que l'on prend la précaution d'attacher tout à l'entrée. Du fond de ce précipice on

se coule, pour ainsi dire, dans un autre
bien plus effroyable, dont les bords
sont fort glissans, et qui répondent
sur la gauche à des abîmes profonds.
On place sur les bords de ces gouffres
une échelle, au moyen de laquelle on
franchit un rocher tout-à-fait taillé à
plomb. On continue à glisser par des
endroits un peu moins dangereux;
mais dans le temps qu'on se croit en
pays praticable, le pas le plus affreux
vous arrête tout court, et on se casse-
roit la tête si l'on n'étoit averti et re-
tenu par les guides. Les nôtres avoient
pris soin d'y apporter une échelle. Pour
y parvenir, il fallut se couler sur le
dos le long d'un grand rocher; et sans
le secours d'un câble qu'on y avoit attaché, nous serions tombés dans des
fondrières horribles. Quand on est arrivé au bas de l'échelle, on se roule encore quelque temps sur des rochers,
tantôt couché sur le dos, tantôt sur le
ventre.

» Après tant de fatigues, on entre enfin dans cette admirable grotte. Les gens qui nous conduisoient comptoient cent cinquante brasses de profondeur depuis la caverne jusqu'à l'*autel*, et autant depuis cet autel jusqu'à l'endroit le plus profond où l'on puisse descendre. Le bas de cette grotte, sur la gauche, est fort scabreux ; à droite, il est assez uni, et c'est par-là qu'on passe pour aller à l'autel. Dans ce lieu, la grotte paroît haute d'environ deux cents pieds sur deux cent cinquante de large. La voûte est assez bien taillée, relevée en plusieurs endroits de grosses masses arrondies, les unes hérissées en pointes, les autres bossuées régulièrement, d'où pendent des grappes, des festons et des lances d'une longueur surprenante.

» A droite et à gauche sont des tours cannelées, vides la plupart, comme autant de cabinets pratiqués autour de la grotte. On distingue parmi ces cabinets un gros pavillon formé par des productions qui représentent si bien les pieds, les branches et les têtes des choux-fleurs, qu'il semble que la nature nous ait voulu montrer par-là comment elle s'y prend pour la végétation des pierres. Toutes ces figures sont de marbre blanc (Tournefort se trompe, elles sont d'albâtre) transparent et cristallisé. Sur la gauche, un peu au-delà de l'entrée de la grotte, s'élèvent trois ou quatre piliers ou colonnes de marbre (d'albâtre), plantés comme des troncs d'arbres sur la crête d'une petite roche. Le plus haut de ces troncs a six pieds huit pouces, sur un pied de diamètre presque cylindrique. Il y a sur le même rocher quelques autres piliers naissans : j'en examinai un qui étoit cassé ; il représente véritablement le tronc d'un arbre coupé en travers.

» Au fond de la grotte, sur la gauche, se présente une pyramide bien plus surprenante, qu'on appelle *l'autel*, parce que M. de Nointel y fit célébrer la messe. Cette pièce est tout isolée, haute de vingt-quatre pieds, semblable en quelque manière à une tiare relevée de plusieurs chapitaux cannelés dans leur longueur et soutenus sur leurs pieds, d'une blancheur éblouissante, de même que tout le reste de la grotte. Cette pyramide est peut-être la plus belle plante de marbre (d'albâtre) qui soit au monde. Les ornemens dont elle est chargée sont tous en choux-fleurs, c'est-à-dire, terminés par de gros bouquets, mieux finis que si un sculpteur venoit de les quitter. Au bas de l'autel il y a deux demi-colonnes, sur lesquelles nous posâmes des flambeaux pour éclairer ce lieu et le considérer à loisir.

» Pour faire le tour de la pyramide, on passe sous un massif ou cabinet de congélations, dont le derrière est fait en voûte de four. La porte en est assez basse ; mais les draperies des côtés sont des tapisseries d'une grande beauté, et plus blanches que l'albâtre : nous en cassâmes quelques-unes, dont l'intérieur nous parut comme de l'écorce de citron confite. Du haut de la voûte qui répond sur la pyramide, pendent des festons d'une longueur extraordinaire, lesquels forment, pour ainsi dire, l'attique de cet autel.

» M. de Nointel passa les trois fêtes de Noël dans cette grotte, accompagné de plus de cinq cents personnes. Cent grosses torches de cire et quatre cents lampes y brûloient jour et nuit. L'ambassadeur coucha presque vis-à-vis de l'autel, dans un cabinet long de sept à huit pas, taillé naturellement dans une de ces grosses tours dont on vient de parler. A côté de cette tour se voit un trou par où l'on entre dans une autre caverne; mais personne n'osa y descendre. »

ÉMILE.

J'admire en effet les voyageurs qui se hasardent les premiers au fond de ces cavernes pour en connoître les localités. Le premier qui fit le trajet de la *première* à la *seconde eau*, dans la grotte de Castleton, fut nécessairement un homme de courage, car il ignoroit s'il ne seroit pas entraîné dans quelque gouffre, et perdu à jamais.

M. VALMONT.

Dans ces sortes d'occasions, les voyageurs ne sont pas seuls ; celui qui va à la découverte se fait attacher par le corps, et ses compagnons de voyage sont attentifs à le retirer au premier signal convenu. Mais, en général, les voyageurs sont des hommes intrépides qui ne craignent pas d'exposer leurs jours pour faire de nouvelles découvertes : ils sont quelquefois victimes de leur amour pour les sciences. Mungo-Park, Cook et Lapeyrouse ont illustré leur nom par leurs voyages et leur fin tragique ; dans leur infortune, ces hommes courageux ont eu du moins

l'assurance que leur mémoire ne périroit point.

Vous venez de voir qu'on a dit la
messe dans la grotte d'Antiparos, mais
il en est qui servent absolument d'é-
glise. Auprès de la ville de Morteau, il
y en a une de ce genre; on n'y a pas
mis d'autre façon qu'une muraille pour
fermer la grotte, et qui sert de portail,
où l'on a pratiqué une porte, deux fenêtres, avec un œil-de-bœuf; enfin, un
petit clocher qui s'enfonce dans le rocher. On a adapté une espèce de plancher dans l'intérieur de l'église, mais
c'est le roc qui sert de voûte ou de plafond.

La *Grotte du Chien,* près de Naples,
n'a rien de curieux comme grotte; c'est
une excavation dans le rocher, où l'on
peut tenir trois personnes. La nature
seule du terrain en fait la célébrité; il
repose sur un vaste foyer de soufre qui
exhale une vapeur très-forte. Un homme
peut entrer impunément dans cette

grotte, parce que sa tête, élevée au-
dessus des émanations méphitiques,
respire un air peu vicié; mais les chiens
et autres petits quadrupèdes se trouvant à la hauteur où la vapeur est le
plus forte, y sont immédiatement suf-
foqués. Les gardiens de cette grotte sont
pourvus d'une certaine quantité de
chiens attachés, qu'ils sont prêts à sa-
crifier pour les personnes qui veulent
en payer l'expérience.

CÉLESTE.

Je suis fâchée que l'on sacrifie un
animal aussi bon, aussi caressant que le
chien, pour examiner l'effet que produit l'air de ce lieu.

M. VALMONT.

Rassure-toi, mon enfant; en ne le
laissant pas mourir, l'expérience en est
plus curieuse. Le pauvre animal, qui
paroît avoir un pressentiment du danger qu'il va courir, cherche à demander

grâce par la tristesse de ses regards et par ses caresses. L'impitoyable gardien le pousse dans la grotte ; la vapeur qu'exhale la terre en cet endroit, agit bientôt sur ce pauvre chien ; il enfle, se roidit, a des convulsions, perd le mouvement et va expirer..... Le gardien le prend alors et l'expose à l'air ; un instant après, il court et mange comme à l'ordinaire.

J'ai vu dans les environs de Grenoble un terrain d'où s'échappe de l'air inflammable imprégné de particules sulfureuses. Les paysans qui vous servent de guides pour arriver dans cet endroit, ont soin d'emporter des œufs, et, pour augmenter votre surprise, ils font cuire une omelette sur ces flammes légères. Mais venons aux grottes les plus curieuses que l'on trouve en France.

Au village d'*Arcy*, on voit une grande arcade, par laquelle on entre dans une grotte qui a environ trois cents toises de longueur, sur huit à dix de largeur.

Toute la voûte de cette grotte est ornée
de congélations ; quelques-unes descendent jusqu'à terre, se joignent plusieurs ensemble, et font des ressem-
blances d'hommes, d'animaux, de poissons, de fruits, etc. Ce qu'on y remarque encore de plus curieux, ce
sont quelques tubes calcaires, de cinq
à six pieds de haut, et de huit à dix
pouces de diamètre, creux dans l'intérieur, et rangés les uns auprès des autres comme des tuyaux d'orgues. Quand
on frappe ces tuyaux avec un bâton,
il en sort des sons différens, que réper-
cutent agréablement les échos de ces
grottes.

A deux lieues de Ripailles en Cha-
blais, dans des rochers affreux, et au
milieu d'une forêt d'épines, se trouvent
trois grottes l'une sur l'autre, taillées
à pic par les mains de la nature dans
un rocher inabordable. On n'y peut
monter que par une échelle, et il faut
s'élancer ensuite dans ces cavités, en se

tenant à des branches d'arbres. Cet endroit est appelé par les gens du pays *les Grottes des Fées*. Chacune a dans le fond un bassin. L'eau qui distille des voûtes de la plus haute y a formé la figure d'une poule qui couve. A côté est une concrétion qui ressemble parfaitement à un morceau de lard avec sa couenne, de la longueur de près de trois pieds. Dans le bassin se trouvent des figures de pralines, telles qu'on en fait chez les confiseurs, et à côté la forme d'un rouet à filer avec sa quenouille.

— Voilà un intérieur de grotte très-curieux à voir, dirent à la fois Émile et Céleste.

M. VALMONT.

Un antre intérieur non moins curieux à voir est celui de la *Grotte de Policando*, une des îles de l'archipel de la Grèce. Parmi les congélations qu'elle renferme, on en trouve beau-

coup d'une espèce de mine de fer, qui
ont la forme d'une étoile, et sont brillantes comme des diamans. On voit de
grandes masses de corps ronds, pendant à la voûte comme des raisins, et
les mêmes grappes s'étendent en espèce
de gâteaux plats sur les murs. Quelques-unes sont rouges et obscures,
d'autres d'un noir foncé, mais parfaitement luisantes et éclatantes. Ajoutez que
quelques-unes de ces congélations sont
dorées naturellement, d'une manière
aussi régulière que si elles sortoient des
mains du plus habile ouvrier, et vous
jugerez de l'élégance de cette grotte.
« Une circonstance particulière, dit un
voyageur, me donna pendant quelques
momens des espérances bien flatteuses.
J'avois été frappé de l'élégance d'une
grande croûte de congélation noire,
adhérente à une portion du rocher un
peu plus haute que ma tête; en l'arra-
chant, je fus aveuglé par un nuage de
poussière qui suivit. La première chose

qui se présenta à mes yeux, quand je pus les ouvrir, fut cette même poussière qui continuoit de tomber sur le plancher, où elle avoit déjà formé un tas assez considérable : je crus que c'étoit de la poudre d'or. Je ne fus plus embarrassé pour expliquer ce qui m'avoit paru si singulier d'abord, la dorure de la superficie de quelques-unes de ces congélations.

»Je m'imaginai avoir trouvé une mine, et je cherchois déjà les moyens d'en pouvoir tirer parti ; mais mon compagnon, qui avoit de l'expérience, me tira bientôt de cette vision : il m'assura qu'une pleine charrette de cette poudre brillante ne contenoit pas un seul grain d'or. En l'examinant de près, nous n'y trouvâmes autre chose qu'un amas de paillettes cassantes d'un talc jaune, qui se réduisirent en poussière en les roulant sous les doigts. En même temps il me consola de la honte de m'être trompé, en m'assurant qu'on avoit amené des

Indes occidentales un vaisseau chargé de cette matière, dans la croyance que c'étoit de l'or. »

ÉMILE.

C'est vraisemblablement cette même poussière que nous employons pour mettre sur l'écriture ?

M. VALMONT.

Précisément ; vous voyez qu'elle ne coûte rien que les frais de transport. Je vais vous parler maintenant de la *Grotte des Demoiselles,* qui est un des magnifiques ouvrages de la nature. Elle est située dans un bois aux environs de Ganges, département de l'Hérault ; le peuple, qui l'appelle *la Bauma de las Doumaisellas,* en raconte mille merveilles. Un voyageur françois (M. Soulavie) se réunit à d'autres curieux, et ils entreprirent de la visiter dans toutes ses parties ; munis d'échelles de corde, de flambeaux, de vivres, ils

partirent le 7 juin 1780 pour cette expédition souterraine, et arrivèrent à la
cime du roc escarpé. L'ouverture, en
forme d'entonnoir, a environ vingt
pieds de diamètre et trente de profondeur ; cette ouverture est ombragée de
plantes, d'arbres, de vigne sauvage.

« Une corde tendue et accrochée à
un rocher nous permit, dit M. Soulavie, de descendre, en nous y tenant
fortement, jusqu'à l'endroit où l'on fit
tomber une échelle de bois qui se trouva
assez solidement établie. Cette difficulté
vaincue, nous nous sommes trouvés
à l'entrée de la première salle. Cette
entrée va en descendant ; elle est couverte de capillaires. A droite est une espèce d'antre qui ne mène pas loin ; en
face se voient quatre magnifiques piliers naturels, de trente pieds de haut,
qui séparent en deux cette première
salle. » Là, les voyageurs allumèrent
des flambeaux, renonçant à la clarté
du jour pour long-temps, et péné-

trèrent dans une seconde salle en descendant par un passage fort étroit, où
le corps ne pouvoit aller que de côté:
cette descente est d'environ vingt pieds.
Dans cette seconde salle on voit un ri-
deau de congélations d'une hauteur
qu'on ne peut mesurer, parsemé de
brillans, plissé avec grâce, et touchant
la terre de sa pointe, comme s'il avoit
été drapé par un habile artiste. On
aperçoit aussi des cascades pétrifiées,
blanches comme l'émail; d'autres jaunâtres, qui semblent tomber en vagues
amoncelées; plusieurs colonnes, les
unes tronquées, d'autres en obélisques.
La voûte est chargée de festons et de
lances, les unes transparentes comme
du verre, les autres blanches comme de
l'albâtre, etc. L'assemblage de ces objets remplit nos voyageurs d'admiration.

Sur la gauche on trouve une troisième salle assez large, et surtout fort
longue. De là on entre sous une petite

voûte écrasée, où l'on ne peut marcher que courbé ; on appelle cette voûte *le Four*, à cause de sa forme ronde et basse. Elle communique dans une salle assez grande, où l'on ne voit autre chose que des rochers renversés, brisés, roulés, suspendus, qui annoncent des convulsions violentes dans le sein de la terre. Tout est triste, lugubre dans cette caverne, et l'on en sort prompte-ment, dans la crainte de voir se déta-cher une de ces énormes pierres qui semblent menacer votre tête.

Ces salles souterraines étoient con-nues dans le pays. Les voyageurs vou-lurent pousser plus loin leurs décou-vertes ; ils arrivèrent à un passage étroit, où l'on ne pouvoit avancer qu'en ram-pant. Ce trou conduit à une petite pièce, où peuvent tenir une douzaine de personnes. Derrière trois petits pi-liers, se trouve un réservoir dont l'eau étoit sale et bourbeuse. Des chauve-souris habitoient ce réduit, où l'on voit

des cristallisations en forme de plantes,
blanches et brillantes, et qui contras-
toient avec le fond noir sur lequel elles
étoient appliquées. Cette salle est ou-
verte par le côté opposé à son entrée.
Pár cette ouverture, on apercevoit un
espace dont l'œil ne pouvoit saisir l'é-
tendue, et, pour pénétrer dans cette
profondeur, un rocher taillé à pic, de
cinquante pieds, formoit le premier
escalier à descendre ; une pierre jetée
dans ce précipice horrible mettoit un
temps assez considérable dans sa chute ;
on l'entendoit sauter et rouler de rocher en rocher, puis on ne l'entendoit
plus.

Nos voyageurs, d'abord intimidés
par l'horreur de cet abîme, puis encou-
ragés par l'espoir d'une découverte,
affrontèrent le danger, et tentèrent de
s'y laisser couler par une échelle de
corde. Leurs tentatives furent longues,
pénibles et très-périlleuses ; mais, sen-
tant que les moyens leur manquoient,

que leurs machines étoient insuffisantes, ils ajournèrent leur expédition.

Le 15 juillet suivant, ils vinrent en plus grand nombre, munis de tous les outils, instrumens, vivres, dont le premier voyage leur avoit fait connoître la nécessité. Arrivés à l'ouverture où ils étoient restés la première fois, ils se hasardent à descendre dans ce gouffre. Après s'être laissés glisser le long des cordes et le long d'une pièce de bois, après des travaux et des dangers considérables, ils se trouvent enfin dans une vaste salle dont le sol est affermi. A chaque pas, des stalactites de toutes les formes, des congélations bizarres ou régulières, blanches comme la neige, dures comme le marbre, les étonnent et les ravissent en admiration. D'abord c'est un autel blanc comme la plus belle porcelaine, haut de trois pieds, d'un ovale parfait, avec des marches régulières; plus loin, quatre colonnes torses jaunâtres, mais transparentes en plu-

sieurs endroits : leur grosseur est telle
que quatre hommes ne peuvent les embrasser ; leur hauteur ne peut s'estimer.
Nous avons supposé, disent les voyageurs, qu'elles touchoient à la voûte,
mais nous n'avons pu nous en assurer.

Cette salle ronde peut être compa-
rée à une vaste basilique entourée de
chapelles plus ou moins élevées : les
voyageurs l'ont jugée grande à peu
près comme la moitié de Ganges. Le
milieu est un dôme dont l'élevation est
d'environ cinquante toises. Dans plusieurs autres petites salles qui sont ad-
jacentes, la terre est noire, et l'on y
enfonce. Il en est une remarquable qui,
ayant un pilier au milieu, ressemble
parfaitement à une salle de manége.
« Nous étions entourés, dit M. Soulavie,
d'une quantité si prodigieuse d'objets,
qu'elle nous plongeoit dans une admiration muette et stupide. Entre autres,
un obélisque aussi haut qu'un clocher,
terminé en aiguille, parfaitement rond,

de couleur roussâtre, ciselé dans toute son élévation, et dans les proportions les plus exactes; des masses aussi grosses que des églises, tantôt en forme de cascades, tantôt imitant des nuages; des piliers brisés en toutes directions, des choux-fleurs, des dragées, tout ce que le hasard peut offrir de combinaisons variées.

» Une tête de mort fut le seul objet qui troubla notre ivresse; nous fûmes très-embarrassés de concevoir par où cet être malheureux avoit pu pénétrer dans cette grotte, puisque nous n'y étions entrés qu'en faisant jouer la mine.... »

CÉLESTE.

Ah, mon Dieu! ce malheureux aura pénétré par une issue que quelques roches, en se détachant, auront ensuite fermée?

M. VALMONT.

Les voyageurs pensèrent que l'eau

9

qui inonde ce souterrain tous les hi-
vers, avoit apporté avec elle cette tête.

Une des merveilles de cette grotte
est une statue colossale, posée sur un
piédestal, représentant une femme qui
tient deux enfans. « Ce morceau seroit
digne du plus grand souverain de l'Europe, dit M. Soulavie, si, hors de la
place où il est, il conservoit la forme
que nous lui avons trouvée très-distinc-
tement, et sans nous faire la moindre
illusion. Cette statue de femme se voyoit
de plusieurs endroits ; ce n'étoit point
un effet de l'imagination : la ressemblance frappa tous ceux qui nous accompagnoient ; ce ne fut qu'un même
cri, qu'une même admiration. »

Partout dans ce vaste souterrain on
voit des franges, des rideaux, des bal-
daquins, des enduits d'émail et de cristal, des dentelles, des rubans si délica-
tement travaillés, qu'il faut savoir que
jamais l'homme n'a pénétré dans ces
profondeurs, pour croire que ce ne

sont pas les ouvrages d'un artiste. Les voyageurs admirèrent aussi un portique qui leur parut avoir quarante pieds de haut, sur vingt de large. Derrière on apercevoit deux files de stalactites alignées, qui forment une galerie dont ce portique est l'entrée. Ce fut près de ce lieu, et au plus profond de la grotte, que les voyageurs placèrent une bouteille bien scellée, qui renfermoit le procès verbal de leur descente, et une boîte de fer-blanc qui contenoit leurs noms. Près du portique ils attachèrent aussi une plaque de plomb où les mêmes noms étoient gravés.

ÉMILE.

Ce portique est une production bien singulière de la nature !

M. VALMONT.

Il y a un monument de ce genre bien plus extraordinaire : sur une crête de la rive orientale de la Loire, on voit un temple dont l'extérieur est si beau, si

9.

majestueux, qu'on est tenté de le regarder comme l'ouvrage des hommes,
tandis que la nature seule en a fait les
frais. Cet édifice présente une façade de
cent quatre-vingts pieds de haut, sur
trente de large, ornée d'un grand nombre de colonnes, avec un fronton magnifique et un péristyle qui s'enfonce à
perte de vue dans l'intérieur. On y voit
un bateau énorme en pierre, où tout
est si bien imité, qu'on ne peut se fa-
miliariser avec l'idée que l'art est étranger à sa formation, comme à la con-
struction du temple. Le tout a été formé
lors d'une éruption de la montagne de
Maclaux, qui se trouve près de là, par
un courant de lave qui a descendu vers
la Loire. La transformation de cette
lave en un édifice aussi régulier, est un
de ces jeux de la nature que l'on ne
peut considérer autrement que comme
une merveille.

Je dois aussi vous parler d'une autre
production étonnante, de la fameuse

chaussée des Géans, qui se trouve en Irlande, dans le comté d'Antrim, sur le bord de la mer. Sa longueur est d'environ six cents pieds ; sa plus grande largeur est de deux cent quarante pieds, et cent vingt dans les endroits les plus étroits. Sa hauteur est aussi très-inégale ; elle est de trente-six pieds au-dessus du rivage dans sa plus grande élévation, et de quinze dans celle qui est la plus basse. Cette merveilleuse chaussée est composée de plusieurs milliers de colonnes de basalte, espèce de cristallisation qui est du plus beau noir. Ce qui forme un coup d'œil unique, c'est que dans un très-grand espace ces colonnes sont d'une égale hauteur, en sorte que leurs sommets forment une surface plane et entièrement unie : ces piliers sont très-serrés les uns contre les autres.

CÉLESTE.

Pourquoi lui a-t-on donné le nom de *chaussée des Géans ?*

M. VALMONT.

Parce qu'on a prétendu qu'elle étoit l'ouvrage d'une race de géans, dont Fin-ma-Cool, célèbre héros de l'antique Hibernie, étoit le chef; mais c'est tout simplement le produit de feux souterrains.

En France, l'ancien volcan de Chenavari, près du bourg de Rochemaure, sur la rive droite du Rhône, à une lieue de Montélimart, offre un coup d'œil aussi singulier. Une colonnade immense sert de soutien et de rempart au plateau de cette montagne. Ainsi, l'on voit des milliers de prismes noirs, rangés sur une pente les uns auprès des autres, de diverses hauteurs et épaisseurs, mais ayant pour la plupart quarante pieds d'élévation. Ils occupent un espace de six cents pieds, et sont recouverts de masses irrégulières de basalte. En différens endroits, les prismes basaltiques, dont les extrémités sont étroi-

tement unies, forment, par leur réu-
nion, des pavés en mosaïque. On appelle cette production singulière *le pavé
des Géans de Chenavari,* sans doute à
cause de sa ressemblance de conforma-
tion avec la chaussée *des Géans* du
comté d'Antrim.

M. Valmont termina ici sa lecture;
il ferma le manuscrit, et annonça à sa
petite famille qu'il la meneroit le lendemain à Montmartre, dîner dans l'arbre, comme il le leur avoit promis lors
du premier entretien.

CINQUIÈME ENTRETIEN.

Montagnes, Rochers, Mines.

———

M. Valmont s'acheminoit avec sa petite famille vers le village de Montmartre; les enfans, qui d'abord avoient couru rapidement jusqu'au milieu de la montagne, gravissoient alors avec peine pour atteindre le sommet. — Ce mont est bien élevé, répétoit la petite Céleste. — Ma fille, dit en souriant M. Valmont, ces hauteurs que vous appelez *montagnes*, méritent à peine le nom de *buttes*, si nous les comparons à ces monts dont la cime se perd dans les nues, tels que les *Alpes*, les *Pyrénées*, et surtout ces fameuses montagnes du Pérou, qu'on nomme les *Andes* ou *Cordillières*.

Hospice du Mont-Saint-Bernard.

ÉMILE.

Ton petit manuscrit doit faire mention de ces beaux monumens de la nature ?

M. VALMONT.

Sans doute : je l'ai apporté, et, tout en nous reposant là-haut, nous jeterons un coup d'œil sur la description de ces sites merveilleux. Je vous ai déjà parlé de l'utilité des montagnes comme réservoirs des eaux ; elles sont encore très-utiles pour la génération des métaux et des minéraux ; elles sont fort avantageuses aux hommes, en les mettant à l'abri des bouffées froides et piquantes des vents du nord et de l'orient, en leur envoyant par réflexion les rayons bienfaisans du soleil ; elles servent aussi pour la production d'une grande variété de plantes et d'arbres : les herbes et les racines qui y croissent sont meilleures que celles des plaines, et servent en partie pour la méde-

9*

cine. C'est des montagnes de la Suisse que nous vient cet excellent vulnéraire dont votre mère vous fait prendre une infusion, lorsqu'en jouant ou en tombant vous vous donnez quelques coups à la tête, ce qui n'arrive que trop souvent. Faites attention ici à ne pas courir étourdiment, car vous voyez ces ravines, où vous pourriez rouler ; quoique cela ne soit rien en comparaison des profonds abîmes que l'on rencontre dans les Alpes, elles sont plus que suffisantes pour briser celui que son imprudence y précipiteroit.

Arrivés au sommet, les enfans admirèrent le tableau qui se déployoit à leurs regards. De cette éminence, l'œil embrasse l'immense étendue de la capitale ; cette vaste étendue d'édifices offre le tableau le plus imposant, et fait un contraste étonnant avec les campagnes qui l'entourent.

Après s'être assis sur un tertre de gazon ombragé par des tilleuls, les enfans exprimèrent toute la joie que leur procuroit cette promenade. La variété du spectacle qu'ils avoient sous les yeux tenoit, pour ainsi dire, leur âme en suspens ; ils se trouvoient dans une situation délicieuse. — Mes enfans, leur dit M. Valmont, c'est une impression générale qu'éprouvent tous les hommes, quoiqu'ils ne l'observent pas tous, que sur les montagnes, où l'air est pur et subtil, on se sent plus de facilité dans la respiration, plus de légèreté dans le corps, plus de sérénité dans l'esprit. Les méditations y prennent un caractère de grandeur proportionné aux objets qui nous frappent; on diroit qu'en s'élevant au-dessus du séjour des hommes, on y laisse tous les sentimens bas et terrestres, et qu'à mesure qu'on approche des régions éthérées, l'âme contracte quelque chose de leur inaltérable pureté : il semble qu'on soit mieux pénétré, sur ces hauteurs majestueuses, de la toute-puissance du Créateur,

C'est ce que j'ai éprouvé sur les *Py-*
rénées, en admirant le grand spectacle
qu'elles présentent. Ces monts s'étendent depuis l'Océan jusqu'à la Méditer-
ranée, dans un espace de quatre-vingts
lieues. Vus de loin, ils offrent l'aspect
d'une barrière hérissée qui s'élève en
amphithéâtre du côté de la France, la
sépare de l'Espagne, et forme, dans sa
longueur, un arc de cercle dont les
extrémités se courbent et vont mourir
dans les deux mers. Quelques parties
de ces montagnes sont couvertes de
bois et de pâturages; d'autres parties
n'offrent aux regards qu'une aridité
affreuse. Quelquefois je me perdois
dans l'obscurité d'un bois touffu; quelquefois, en sortant d'un gouffre, une
agréable prairie réjouissoit tout à coup
mes regards. Je trouvois tour à tour
un mélange étonnant de la nature sauvage et de la nature cultivée; tour à
tour je passois de la vue riante et animée du printemps, à l'aspect des plus

tristes frimas. Sur ces monts, la variété, la grandeur, la beauté du spectacle, le plaisir de ne voir autour de
soi que des objets nouveaux, d'observer en quelque sorte une autre nature,
et de se trouver dans un nouveau
monde, tout cela fait aux yeux un mélange inexprimable, dont le charme
augmente encore par la subtilité de
l'air, qui rend les couleurs plus vives,
les traits plus marqués, rapproche tous
les points de vue; les distances paroissent moindres que dans les plaines,
où l'épaisseur de l'air couvre la terre
d'un voile; l'horizon présente aux yeux
plus d'objets qu'il semble n'en pouvoir
contenir. Enfin, ce spectacle a je ne
sais quoi de magique, de surnaturel,
qui ravit l'esprit et les sens; dans l'extase où il vous plonge, on oublie tout,
on s'oublie soi-même.

CÉLESTE.

Ce phénomène des diverses températures qui se trouvent dans un même lieu est bien singulier.

M. VALMONT.

Sous ce rapport, le *cap Comorin* est un point unique sur la terre ; il se trouve en Asie, et sépare le Coromandel du Malabar. Ce cap n'a pas plus de trois lieues d'étendue, et cependant ce petit espace réunit, comme dans un seul jardin, les deux saisons contraires : d'un côté, ce sont les pluies, les orages, le règne du trouble et de la dévastation ; de l'autre, c'est l'empire du calme, des chaleurs vivifiantes et de la joie de la belle saison : en peu d'heures le voyageur voit la nature dépouillée, et la nature couronnée de fleurs et chargée de fruits.

ÉMILE.

Qui peut opérer d'un côté à l'autre des monts une diversité de saisons aussi sensible ?

M. VALMONT.

En voici la raison : les montagnes qui séparent la côte de Malabar, qui est à l'ouest, de celle de Coromandel, qui est à l'est, arrêtent le cours des vents ; ces vents soufflent sur la côte de Malabar depuis le mois de juin jusqu'à celui d'octobre; il y chassent et y amoncèlent une quantité prodigieuse de nuages, que les montagnes arrêtent, et qui, ne pouvant passer plus loin, y forment des orages et des pluies dont nous avons à peine l'idée : la côte alors est tellement tourmentée par les vents qui arrivent et qui refluent, que les vaisseaux n'osent en aborder. Voilà l'hiver au Malabar : dans le même temps, l'été et tous ses agrémens se trouvent sur la côte de Coromandel. L'hiver se fait à son tour sentir en ce dernier lieu dès qu'il quitte le Malabar. En général, les pays montagneux offrent assez souvent des phénomènes de ce genre. Dans l'île de Ceylan, où se trouve le *pic d'Adam*, tandis que les pluies tombent dans la partie occidentale, un temps très-sec règne dans la partie orientale; et lorsque la récolte se fait dans l'une, on la prépare dans l'autre.

Puisque nous sommes en Asie, nous allons visiter le *mont Liban*, où se trouvent les fameux cèdres. Il y a sur ce mont un couvent presque entièrement taillé dans le roc; l'église, qui est fort grande, consiste en une grotte naturelle qui s'étend très-avant dans les terres, et où l'on trouve un grand nombre de pétrifications. Vous allez juger de la beauté majestueuse de ce lieu, par ce tableau que nous en a donné M. Volney :

« Le Liban, dont le nom doit s'étendre à toute la chaîne du Besraouan et du pays des Druses, présente tout le spectacle des grandes montagnes : on y trouve à chaque pas ces scènes où la nature déploie tantôt de l'agrément ou de la grandeur, tantôt de la bizarrerie, toujours de la variété. Arrive-t-on par la mer et descend-on sur le rivage, la hauteur et la rapidité de ce rempart qui semble fermer la terre, le gigantesque des masses qui s'élancent dans les nues, inspirent l'étonnement et le respect ; si l'observateur curieux se transporte ensuite jusqu'à ces sommets qui bornoient sa vue, l'immensité de l'espace qu'il découvre devient un autre sujet de son admiration. Mais, pour jouir entièrement de la majesté de ce spectacle, il faut se placer sur la cime même du Liban : là, de toutes parts s'étend un horizon sans bornes ; là, par un temps clair, la vue s'égare et sur le désert qui confine au golfe Persique et sur la mer qui baigne l'Europe : l'âme croit embrasser le monde. Tantôt les regards errans sur la chaîne successive des montagnes, portent l'esprit, en un clin d'œil, d'Antioche à Jérusalem ; tantôt, se rapprochant de tout ce qui les environne, ils sondent la lointaine profondeur du rivage. Enfin l'attention, fixée par des objets distincts, observe avec détail les rochers, les bois, les torrens, les coteaux, les villages et les villes. On prend un plaisir secret à trouver petits ces objets qu'on a vus si grands; on aime à voir à ses pieds ces sommets jadis menaçans, devenus, dans leur abaissement, semblables aux sillons d'un champ ou aux gradins d'un amphithéâtre; on est flatté d'être devenu le point le plus élevé de tant de choses, et l'orgueil les fait regarder avec plus de complaisance. »

Revenons en Europe. Rien n'est plus imposant que le spectacle des *Alpes.* De quel œil, en effet, les habitans des plaines, familiarisés avec cette idée, que les nuées sont à une hauteur incommensurable, qu'elles touchent presque le ciel, doivent-ils contempler ces monts audacieux, sur la cime desquels les nuages s'amoncèlent, se pressent, se déchirent, comme les vagues de la mer se brisent sur les rochers?

Quelquefois, merveille plus grande encore, les nuages, ou rembrunis, ou d'une blancheur éblouissante, ou nuancés par des accidens de lumière, se confondent par la couleur, par la forme, avec ces monts; ils semblent en faire partie : on croiroit que ce sont de nouveaux mamelons placés au niveau des autres; et lorsque le vent vient à agiter ces vapeurs épaisses, toute la masse paroît s'ébranler; les sifflemens des ouragans, les éclats de la foudre, semblent être l'effet du choc de ces énormes colosses. L'estimable et savant de Saussure, qui a passé une partie de ses jours à gravir les plus hautes et principales montagnes des Alpes, va nous donner une idée de leur nature.

« Ces grandes chaînes, dit-il, dont les sommets percent dans les régions élevées de l'atmosphère, semblent être le

laboratoire de la nature, et le réservoir dont elle tire les biens et les maux
qu'elle répand sur notre terre, les fleuves qui l'arrosent et les torrens qui la
ravagent, les pluies qui la fertilisent et
les orages qui la désolent. Tous les phénomènes de la physique générale s'y
présentent avec une grandeur et une
majesté dont les habitans des plaines
n'ont aucune idée ; l'action des vents
et celle de l'électricité aérienne s'y exer-
cent avec une force étonnante ; les
nuages se forment sous les yeuxde
l'observateur, et souvent il voit naître
sous ses pieds les tempêtes qui dévas-
tent les plaines, tandis que les rayons
du soleil brillent autour de lui, et qu'au-
dessus de sa tête le ciel est pur et serein. De grands spectacles de tout genre
varient à chaque instant la scène : ici,
un torrent se précipite du haut d'un
rocher, forme des nappes et des cascades qui se résolvent en pluie, et présentent au spectateur de doubles et

triples arcs-en-ciel qui suivent ses pas
et changent de place avec lui ; là , des
avalanches (1) de neige s'élancent avec
une rapidité comparable à celle de la
foudre, traversant et sillonnant des forêts, en fauchant les plus grands arbres
à fleur de terre , avec un fracas plus
terrible que celui du tonnerre ; plus
loin, de grands espaces hérissés de glaces
éternelles , donnent l'idée d'une mer subitement congelée dans l'instant même
où les aquilons souffloient sur ses flots ; et
à côté de ces glaces, au milieu de ces
objets effrayans, des réduits délicieux,
des prairies riantes, exhalant le parfum
de mille fleurs aussi rares que belles et

----

(1) On appelle *avalanche* une masse de
neige qui se détache des sommets, entraîne
avec elle celle qui est au-dessous, de proche
en proche. La vitesse s'accélère par la pente ,
la force augmente le poids qui s'accroît : le
tout forme une masse énorme qui a assez de
force et de solidité pour renverser tous les
obstacles qu'elle rencontre dans son chemin.

salutaires, présentent la douce image
du printemps dans un climat fortuné,
et offrent au botaniste les plus riches
moissons. »

ÉMILE.

Il y a donc de la neige sur toutes
ces hautes montagnes ? Pourquoi n'y
fond-elle pas ?

M. VALMONT.

Ces océans de neige condensée sont
placés à une distance où le feu central
de la terre ne peut plus se développer ;
et dans ces régions de l'air, les rayons
du soleil n'étant plus ou retenus ou ré-
verbérés par les corps environnans,
perdent leur force et leur énergie. De
Saussure a fait cette remarque sur les
plus hautes montagnes où il est parvenu, qu'on se sent pressé d'un sommeil insurmontable ; c'est l'effet de la
rareté de l'air. Si l'on succomboit à cette
pressante envie, on seroit bientôt en-

gourdi au milieu des neiges et des glaçons, et l'on y périroit ; il faut, au contraire, s'agiter autant que possible : ce
besoin se perd aussitôt qu'on est re-
descendu dans une atmosphère plus
dense.

Le *Mont-Blanc* se distingue de tous
les sommets audacieux des Alpes, par
les neiges qui en couvrent les flancs.
Pour se faire une idée de cette montagne gigantesque, il faut concevoir
que la hauteur de la glace et de la neige
qui en couvre le sommet, est estimée,
à partir du fond du glacier de Montanvert, à plus de douze mille pieds.
Cinq glaciers s'étendent dans la vallée
de Chamouni ; ils sont séparés par des
forêts, des terres labourables et des
prairies. Ces glaciers se réunissent au
pied du Mont-Blanc, qui, suivant les
derniers calculs, est d'environ deux
mille quatre cent quarante toises (quatorze mille six cent quarante pieds)
au-dessus du niveau de la mer. C'est

incontestablement le lieu le plus élevé de toute l'Europe. M. de Saussure ne put parvenir à sa cime; il ne s'éleva qu'à environ dix-neuf cents toises au-dessus du même niveau, et aucun observateur européen ne s'étoit avant lui élevé à une pareille hauteur.

Je vais, toujours d'après ce savant voyageur, vous faire le tableau de cette belle *vallée de Chamouni*, du *Mont-anvert* et du *glacier des Bois*.

« C'est sur les rochers qui bordent étroitement l'entrée de cette vallée, que croissent les plantes vraiment alpines que l'on a le plaisir de rencontrer. J'aime, dit de Saussure, à revoir au commencement du printemps, qui m'appelle dans les Alpes, le *rhododendron ferrugineum*; cet arbrisseau charmant, dont les rameaux, toujours verts, sont couronnés de fleurs purpurines qui exhalent une odeur aussi douce que leur couleur est fine; l'auricule des Alpes, qui a gagné dans nos jardins des couleurs plus riches, mais qui n'y a plus la suavité du parfum qu'elle répand sur ces rochers, etc. Ce ne sont pas les plantes seules qui donnent à cette route un caractère alpestre; les rochers primitifs sur lesquels elle passe; l'Arve, serrée dans un passage étroit et profond, son écume que l'on voit blanchir au travers des cimes des sapins qui sont fort au-dessous des pieds des voyageurs; et de l'autre côté, un rocher noir, taillé presque à pic, teint çà et là de couleurs métalliques, et portant de place en place, comme sur des étagères, de grands sapins, dont le vert obscur contraste avec la blancheur des bouleaux : tels sont les objets qui caractérisent l'avenue vraiment alpine de la vallée de Chamouni.

» En sortant de ce défilé étroit et sauvage, on tourne à gauche et l'on entre dans la vallée, dont l'aspect, au contraire, est infiniment doux et riant. Le fond de cette vallée, en forme de berceau, est couvert de prairies, au milieu desquelles passe le chemin, bordé de petites palissades. On découvre successivement les différens glaciers qui descendent dans cette vallée. On ne voit d'abord que celui de Taconay, qui est presque suspendu sur la pente rapide d'une petite ravine dont il occupe le fond ; mais bientôt les yeux se fixent sur celui des Buissons, qu'on voit descendre du haut des sommités voisines du Mont-Blanc : ses glaces, d'une blancheur éblouissante, dressées en forme de hautes pyramides, font un effet étonnant au milieu des forêts de sapins qu'elles traversent et qu'elles surpassent. On voit enfin de loin le grand glacier des Bois, qui en descendant se recourbe contre la vallée de Chamouni ; on distingue ses murs de glaces qui dominent des rocs jaunes taillés à pic.

» Ces glaciers majestueux, séparés par des forêts, couronnés par des rocs de granit d'une hauteur étonnante, qui

sont taillés en forme de grands obélisques et entremêlés de neiges et de
glaces, présentent un des plus grands
et des plus singuliers spectacles qu'il
soit possible d'imaginer. L'air pur et
frais qu'on respire, la belle culture de
la vallée, les jolis hameaux que l'on
rencontre à chaque pas, donnent par
un beau jour l'idée d'un monde nouveau, d'une espèce de paradis terrestre
renfermé par une divinité bienfaisante
dans l'enceinte de ces montagnes. La
route, partout belle et facile, permet
de se livrer à la délicieuse rêverie et
aux idées douces, variées et nouvelles,
qui se présentent en foule à l'esprit.
Quelquefois de grands éclats, semblables à des coups de tonnerre, et suivis
comme eux par de longs roulemens,
interrompent cette rêverie, causent
une espèce d'effroi quand on ignore
leur cause, et montrent, quand on la
connoît, combien est grande la masse
des glaçons dont la chute produit un si

terrible fracas. La grandeur des objets trompe sur les distances ; en entrant dans la vallée, on croit qu'en moins d'une demi-heure on arrivera à l'extrémité, et cependant on met plus de deux heures à aller jusqu'à un prieuré qui n'est pas même à la moitié de la longueur de la vallée. »

CÉLESTE.

Au milieu de toutes ces glaces, on doit se croire transporté au Spitzberg ? Je lisois dans le *Voyage de Heems-kerke,* que la glace qui retenoit son vaisseau à la Nouvelle-Zemble, présentoit les formes les plus singulières : ici, on voyoit s'élever une tour ; là, elle paroissoit avoir formé des rues bordées de maisons ; d'un autre côté, on auroit dit que c'étoit un rempart flanqué de bastions.

M. VALMONT.

Oui, ces glaciers ont cela de commun avec les mers du Nord, qu'ils présentent aussi de grands et beaux accidens, des formes bizarres de pyramides, de tours, de grandes murailles crénelées, etc. Mais ne nous arrêtons pas, et suivons notre voyageur au Mont-anvert.

« Ce que les gens de Chamouni appellent ainsi, est un pâturage élevé de quatre cent vingt-huit toises au-dessus de la vallée, et de neuf cent cinquante-quatre au-dessus de la mer. Il est immédiatement au-dessus de cette vallée de glace, dont la partie inférieure porte le nom de *glacier des Bois*. On y conduit ordinairement les étrangers, parce que c'est un site qui présente un magnifique aspect de cet immense glacier et des montagnes qui le bordent, et parce qu'on peut de là descendre sur la glace et voir sans danger quelques-unes des singularités qu'elle offre. On fait ordinairement la route, en partant du prieuré, à pied et en trois heures.

» En montant au Montanvert, on a toujours sous ses pieds la vue de la vallée de Chamouni, de l'Arve qui l'arrose dans toute sa longueur, d'une foule de villages et de hameaux entourés d'arbres et de champs bien cultivés. Au moment où l'on arrive au Montanvert, la scène change, et au *lieu de* cette riante et fertile vallée, on se trouve presqu'au bord d'un précipice, dont le fond est une vallée beaucoup plus large et plus étendue, remplie de neige et de glace, bordée de montagnes colossales qui étonnent par leur hauteur et leurs formes, et qui effraient par leur stérilité et leurs escarpemens. Ce glacier descend presque dans la vallée de Chamouni, où on le nomme *le glacier des Bois*, du nom d'un hameau près duquel il se termine : de son extrémité inférieure sort le torrent de l'Aveiron. La surface du glacier, vue du Montanvert, ressemble à celle d'une mer qui auroit été subitement gelée, non pas dans le moment de la tempête, mais à l'instant où le vent s'est calmé, et où les vagues, quoique très-hautes, sont émoussées et arrondies.

» Entre les montagnes qui dominent le glacier des Bois, celle qui fixe le plus les regards de l'observateur, est un grand obélisque de granit qui est en face du Montanvert, de l'autre côté du glacier : on le nomme *l'Aiguille du Dru*. Ses côtés semblent polis comme un ouvrage de l'art ; sa hauteur, au-dessus de la vallée de Chamouni, est de quatorze cent vingt-deux toises. Il est absolument inaccessible ; ainsi on est réduit à l'observer avec le télescope.

» Lorsque l'on s'est bien reposé sur la jolie pelouse du Montanvert, et que l'on s'est rassasié, si l'on peut jamais l'être, du grand spectacle que présentent ce glacier et les montagnes qui le bordent, on descend par un sentier rapide entre des rhododendrons, des mélèses,

des aroles, jusqu'au bord du glacier.
S'il n'est pas trop scabreux et trop en-
trecoupé de grandes crevasses, il faut
s'avancer au moins jusqu'à trois ou
quatre cents pas pour se faire une idée
de ces grandes vallées de glace. En effet, si l'on se contente de voir celle-ci
de loin, du Montanvert par exemple,
on n'en distingue point les détails ; ses
inégalités ne semblent être que les on-
dulations arrondies de la mer après
l'orage ; mais quand on est au milieu
du glacier, ces ondes paroissent des
montagnes, et leurs intervalles semblent
être des vallées entre ces montagnes. Il
faut d'ailleurs parcourir un peu le glacier pour voir ses beaux accidens, ses
larges et profondes crevasses, ses grandes
cavernes, ses lacs remplis de la plus belle
eau, renfermée dans des murs transpa-
rens de couleur d'aigue-marine ; ses
ruisseaux d'une eau vive et claire, qui
coulent dans des canaux de glace, et qui

viennent se précipiter et former des cascades dans des abìmes également de glace.

» Après avoir traversé le glacier, je remontai vers le pied de l'Aiguille du Dru, et me reposai dans des pâturages que l'on nomme la *place de l'Aiguille*. Comme on ne peut y parvenir que par le glacier, toute la communauté qui veut y conduire ses bestiaux, se rassemble au commencement de l'été, pour leur frayer une route sur la glace : on y conduit ainsi un certain nombre de génisses, et une ou deux vaches à lait pour la nourriture de leur gardien. Elles restent là jusqu'au commencement de l'automne, où l'on va de nouveau leur frayer un chemin pour le retour, car celui qu'on avoit fait pour les amener est souvent détruit quelques heures après, par le mouvement continuel de la glace : le berger lui-même ne descend au village qu'une ou deux fois dans la saison, pour chercher sa provision de pain ; et tout le reste du temps il demeure parfaitement seul avec son troupeau dans cette affreuse solitude. Lorsque j'allai là, en 1760, je rencontrai le berger ; c'étoit alors un vieillard à longue barbe, vêtu de peau de veau, avec le poil en dehors ; il avoit l'air aussi sauvage que le lieu même qu'il habitoit. Il fut très - étonné de voir un étranger, et je crois bien que j'étois le premier dont il eût reçu la visite. J'aurois souhaité qu'il lui restât de cette visite un souvenir agréable ; mais il ne désiroit que du tabac ; je n'en avois point, et l'argent que je lui donnai ne parut lui faire aucun plaisir.

» En revenant du Montanvert au prieuré de Chamonni, si l'on ne veut pas faire deux fois le même chemin, et que l'on ne craigne pas une descente rapide, on peut, en suivant d'assez près le glacier, descendre par une pente qu'on nomme *la Felia*. On arrive au bas du glacier, et l'on voit l'Aveiron en sortir par une arche de glace. Mais ce morceau est assez intéressant pour mériter une description.

» *L'Aveiron* est un torrent considérable qui sort de l'extrémité inférieure du glacier des Bois, comme on l'a dit, par une grande arche de glace ; c'est un des objets les plus dignes de fixer la curiosité des voyageurs. Que l'on se figure une profonde caverne dont l'entrée est une voûte de glace de plus de cent pieds d'élévation, sur une largeur proportionnée. Cette caverne est taillée par la main de la nature, au milieu d'un énorme rocher de glace, qui, par le jeu de la lumière, paroît ici blanche et opaque comme de la neige, là transparente et verte comme l'aigue-marine. Du fond de cette caverne sort avec impétuosité une rivière blanche d'écume, et qui souvent roule dans ses flots de gros rochers de glace. En élevant les yeux au-dessus de cette voûte, on voit un immense glacier

couronné par des pyramides de glace,
du milieu desquelles semble sortir l'o-
bélisque du Dru, dont la cime va se
perdre dans les nues. Enfin, tout ce
tableau est encadré par les belles forêts
du Montanvert et de l'Aiguille du Bo-
chard ; et ces forêts accompagnent le
glacier jusqu'à sa cime, qui se confond
avec le ciel.

» On a quelquefois la curiosité d'entrer dans la caverne, et l'on peut en effet
s'y enfoncer assez avant, lorsqu'elle est
large et que l'Aveiron ne la remplit
pas entièrement ; mais c'est toujours
une témérité, parce qu'il se détache
fréquemment de grands fragmens de sa
voûte. Lorsque nous allâmes la visiter,
en 1778, nous remarquâmes dans l'arche qui formoit l'entrée, une grande
crevasse presque horizontale, coupée
à ses extrémités par des fentes verticales; il étoit aisé de présumer que toute
cette pièce se détacheroit bientôt. Ef-
fectivement, on entendit dans la nuit

un bruit semblable à un coup de tonnerre. Cette pièce, qui formoit la clef de la voûte, étoit tombée, et avoit entraîné, par sa chute, celle de toute la partie extérieure de l'arche. Cet amas de glaces suspendit pendant quelques momens le cours de l'Aveiron. Ses eaux s'accumulèrent dans le fond de la caverne, et, rompant ensuite tout à coup cette digue, elles entraînèrent avec violence tous ces grands blocs de glace, les brisèrent contre les rochers dont est parsemé le lit du torrent, et en charrièrent des fragmens à de grandes distances. Nous vîmes le lendemain, avec une espèce d'effroi, la place où nous nous étions arrêtés la veille, couverte de grands quartiers de ces glaces.

ÉMILE.

Quels dangers l'on court dans ces montagnes !

M. VALMONT.

Lorsque le voyageur commence à les

parcourir, l'aspérité des chemins, la rapidité des pentes, la profondeur des précipices commencent par l'effrayer; bientôt il se rassure, et l'on diroit que, pour le distraire, un pouvoir magique varie à chaque pas les décorations de la scène. Ensuite, quel plaisir de voir, du haut de ces monts, les vallées se couvrir de nuées orageuses, et d'entendre sous ses pas rouler ce tonnerre qui gronde ordinairement sur nos têtes ! Il est intéressant de vous donner une idée de ces effets singuliers dans ces hautes régions; nous allons faire une petite excursion, avec un voyageur, au *mont Saint-Bernard*. Vous avez entendu parler de l'hospice établi en ce lieu ?

CÉLESTE.

Oui; et nous avons vu au salon du Muséum, un joli tableau représentant un de ces gros chiens, que les religieux du couvent dressent à découvrir et à guider les passagers qui sont égarés : il portoit sur son dos un petit enfant qu'il avoit trouvé sur le bord d'un précipice couvert de neige, où ses parens venoient d'être engloutis.

M. VALMONT.

Cet hospice est une des institutions les plus utiles que la religion ait porté quelques hommes à former pour l'avantage de leurs semblables. En partant de la cité d'Aoste pour se rendre au mont Saint-Bernard, on traverse des vignes exposées au midi sur la pente d'une montagne brûlée et aride au-dessus d'elles. Les cris aigus et répétés des cigales feroient croire que l'on est dans une contrée beaucoup plus méridionale, et les mûriers, les amandiers, les micocouliers dont on est environné, favorisent cette illusion. On désire alors la fraîcheur des ombrages; mais, après avoir marché environ quatre heures, on commence à sentir un froid très-vif, et une heure après on arrive dans le

climat du Spitzberg et du Groënland :
on ne soupire plus qu'après le bon feu
qu'on espère trouver au couvent.

Le couvent du Grand-Saint-Bernard
est élevé de douze cent quarante-six
toises au-dessus du niveau de la mer;
c'est indubitablement l'habitation la
plus élevée qu'il y ait, non-seulement
en Europe, mais dans tout l'ancien
continent. L'hiver y dure huit mois.
Sa position est très-voisine du terme
des neiges éternelles, parce qu'elle est
dominée par des sommités qui, étant
fort élevées au-dessus de ce terme, de-
meurent éternellement couvertes de
neige, et refroidissent continuellement
tout ce qui les environne. « Lorsque
j'arrivai au couvent, dit notre voyageur, le ciel étoit du plus bel azur
foncé, d'une couleur vive, inconnue
aux habitans des plaines, qui ne le
voient qu'à travers mille vapeurs. Dans
la journée, la montagne fut enveloppée
de nuages épais, mais tranquilles; il

n'y avoit point d'agitation dans l'air : on m'assura qu'il faisoit beau au-dessous de ce sommet. A peine voit on devant soi quand on est enveloppé dans ces nuages ; ils vous pénètrent d'une fine rosée ; on est bientôt percé et mouillé jusqu'à la peau. La nuit, il tomba une forte pluie mêlée de neige et accompagnée d'un grand vent. Au point du jour, ce vent augmenta ; venant de bas en haut, il poussoit et rouloit de gros nuages montant par la vallée qui se trouve sur le chemin du Valais. Ces nuages se pressoient et s'amassoient successivement, à l'abri et au-dessous du courant du vent, dans un fond où est un petit lac ; là ils restoient immobiles ; leur épaisseur et leur obscurité augmentoient à mesure qu'il en arrivoit davantage ; en peu de temps les ténèbres s'étendirent sur les régions inférieures, je ne vis plus que le ciel. Un bruit sourd, précurseur de la tempête, descendit du haut des monts

et se prolongea dans les vallées ; bientôt
des nappes d'une flamme livide se dé-
ployèrent sur le fond obscur des nuages, et transformèrent cette voûte d'air
en une voûte de feu. Ce spectacle étoit
magnifique ; mais la rigueur du froid et
du vent m'obligea de rentrer au couvent pour me chauffer. L'obscurité devint générale ; le tonnerre, qui gron-
doit sourdement, augmenta peu à peu,
et devint violent : on l'entendoit au-
dessus et au-dessous de soi. La pluie,
la neige, la grêle se succédoient, tomboient souvent ensemble, se mêloient
aux éclairs, et donnoient le spectacle
du choc et du combat terrible entre
les élémens les plus opposés. Nous étions
alors au mois de juillet. Après cet orage,
le ciel se découvrit ; je vis le soleil chas-
ser et dissiper les nuages qui s'étoient
amoncelés sous mes pieds. Que tout ce
qui m'environnoit me parut beau !
quelle source intarissable de ravisse-
ment ! Après avoir contemplé ces mer-

veilles, dans mon enthousiasme, je me prosternai, muet d'admiration, devant celui qui a créé et qui gouverne la terre. »

ÉMILE.

Je ne me serois jamais fait une idée des beautés de ce genre ; je conçois qu'elles doivent imprimer dans l'âme un étonnement mêlé de respect.

CÉLESTE.

J'admire les bons religieux qui passent leur vie dans une température aussi rude, pour donner des secours aux voyageurs.

M. VALMONT.

Oui, dans une solitude aussi affreuse, leur âme ne peut goûter d'autre plaisir que celui de soulager les malheureux ; et leur zèle est d'autant plus méritoire, qu'il les expose souvent à de grandes peines et à de très-grands dangers.

Les montagnes du Pérou, qu'on

nomme *les Cordillières* ou *les Andes,*
sont encore plus élevées que le Mont-
Blanc : ce sont les plus hautes montagnes qu'il y ait dans le monde. Le
sommet de quelques - unes a jusqu'à
trois mille toises d'élévation au-dessus
du niveau de la mer; elles forment une
chaîne de près de quinze cents lieues,
et séparent le Pérou du Chili. Le froid
est si excessif à une certaine hauteur,
qu'il tue les hommes et les animaux ; il
gèle les corps et les durcit tellement,
qu'ils ne se corrompent point. Don
Diègue d'Almagro, allant découvrir le
Chili, en 1534, vit périr de froid dans
ces montagnes plusieurs de ses soldats.
Lorsqu'il y repassa, cinq mois après,
au fort de l'été, il trouva leurs corps
restés debout, appuyés contre des rochers, et aussi frais que s'il n'y avoit eu
que quelques momens qu'ils eussent
expiré : il y en avoit même qui tenoient
encore la bride de leurs chevaux sur
pied, dont la chair, ajoute l'historien

espagnol (1), servit de nourriture à Almagro et à ceux qui l'accompagnoient.

CÉLESTE.

Ces hommes furent, pour ainsi dire, changés en statues ?

M. VALMONT.

Oui; le sang se coagule dans les veines de ceux qui périssent dans ces glaciers; ils gardent leur attitude, leur forme : leur peau conserve toute sa fraîcheur, son coloris; on croiroit qu'ils vivent; et, par un contraste qui fait frémir, leurs lèvres, crispées par le froid, semblent sourire.

ÉMILE.

Que la température de la France est douce et belle, en comparaison de ces terribles régions !

_____

(1) Zarate, *Histoire de la Conquéte du Pérou;* Ulloa, autre historien.

M. VALMONT.

Oui; nous n'avons point dans notre
patrie les chaleurs brûlantes des contrées méridionales ; les froids excessifs
du nord ne s'y font point sentir ; le
sol fournit avec une espèce de prodiga-
lité tout ce qui est nécessaire à ses habitans : sous tous ces rapports, on peut
dire, avec raison, que la France est le
plus beau pays du monde. Il faut être
armé de courage, et avoir le désir de la
gloire, lorsqu'on quitte un climat aussi
doux pour s'exposer à tous les dangers
des voyages : car vous avez vu que ce
n'est souvent qu'à travers une multitude de périls et de privations, que les
voyageurs parviennent à connoître les
productions merveilleuses que la nature
a répandues sur toutes les parties du
globe. Vous allez de nouveau juger de
la peine que parfois ils éprouvent, par
le récit d'un voyageur françois qui se
rendoit sur le *mont Ararat*, célèbre

montagne de l'Arménie, où les bonnes gens du pays croient que l'arche de Noé s'est arrêtée. Ce mont paroît d'autant plus élevé, qu'il est planté seul au milieu d'une des plus grandes plaines que l'on puisse voir. Pour le parcourir, il faut grimper dans des sables mouvans, où le pied enfonce jusqu'à la cheville. On ne voit sur cette montagne ni arbres, ni arbrisseaux. Les neiges couvrent la moitié de la montagne, et sont cachées une grande partie de l'année sous des nuages fort épais. Un seul jour ne suffit pas pour atteindre à ces neiges ; il faut donc camper dans le trajet. Tournefort, qui a visité cette montagne pour y chercher des plantes, dit qu'il fut tenté deux ou trois fois d'abandonner son entreprise. « Cependant, ajoute-t-il, le chagrin de n'avoir pas tout vu nous auroit trop tourmentés dans la suite, et nous aurions toujours cru avoir manqué les plus beaux endroits. » Il est naturel de se flatter dans

ces sortes de recherches, et de croire
qu'il ne faut qu'un bon moment pour
découvrir quelque chose d'extraordinaire, et qui dédommage de tout le
temps perdu. Pour éviter les sables qui
nous fatiguoient horriblement, nous
tirâmes droit vers de grands rochers
entassés les uns sur les autres. On passe
au-dessous comme au travers des cavernes, et l'on y est à l'abri des injures
du temps, excepté du froid. Nous tom-
bâmes ensuite dans un chemin rempli
de grosses pierres; il falloit sauter de
l'une sur l'autre, ce que nous trouvâmes très-incommode et très-fatigant.
Les neiges fondues ont formé dans la
montagne une ravine épouvantable,
d'où il se détache à tout moment des
parties de roches qui font en roulant
un bruit effroyable. La vue de cet abîme
vous glace de terreur. David avoit raison de dire que ces sortes de lieux
montrent la grandeur du Seigneur. On
ne peut s'empêcher de frémir quand

on regarde le fond de l'abîme, et la tête
tourne pour peu qu'on veuille en examiner les horribles précipices. Les cris
d'une infinité de corneilles qui volent sans
cesse de l'un à l'autre côté, ont quelque
chose d'effrayant. Tous ces précipices
sont taillés à pic, et les extrémités
en sont hérissées et noirâtres, comme
s'il en sortoit quelque fumée : il n'en
sort que des torrens de boue. Après
avoir atteint les premières neiges, il fut
résolu que nous n'irions pas plus loin :
nous étions épuisés de fatigue. Nous
aperçûmes une pelouse dont la pente
paroissoit propre à faciliter notre descente; nous nous laissâmes glisser sur
le dos pendant plus d'une heure. Quand
nous rencontrions des cailloux qui
meurtrissoient nos épaules, nous glis-
sions sur le ventre, ou nous marchions
à reculons, à quatre pates. Parvenus au
bas de la montagne, nous étions si
meurtris et si fatigués, que nous ne
pouvions remuer ni bras ni jambes. »

CÉLESTE.

Je serois très-curieuse de voir toute
cette végétation merveilleuse dont tu
nous as parlé ; je visiterois avec plaisir
ces superbes cataractes, ces belles grottes,
ouvrages magnifiques de la seule nature ; j'aimerois encore à contempler ces
volcans terribles, à gravir ces monts
prodigieux, malgré l'effroi que doit
inspirer leur aspect menaçant ; mais
j'avoue qu'il est peut-être plus agréable
de pouvoir admirer toutes ces beautés
de la nature, bien à son aise et sans la
moindre fatigue, en s'identifiant pour
ainsi dire avec les voyageurs qui ont
parcouru les diverses contrées où elles
se trouvent.

M. VALMONT.

Ma fille, tu as raison sous certains
rapports. D'ailleurs, il seroit difficile,
pour ne pas dire impossible, à un
homme de visiter toutes ces merveilles

disséminées sur tant de parties opposées du globe. Avant de terminer notre entretien, je veux vous faire connoître quelques rochers extraordinaires. L'un, que l'on appelle le *Rocher tremblant*, se trouve sur une montagne située à une lieue de Castres, département du Tarn. Sa circonférence, prise dans la partie moyenne de sa hauteur, est de vingt-six pieds; sa totalité forme une masse de trois cent soixante pieds cubiques, dont on évalue le poids à plus de six cents quintaux. Un homme peut le mettre en mouvement, et la force d'un enfant suffit alors pour lui conserver ses balancemens.

ÉMILE.

Comment un seul homme peut-il faire mouvoir une si lourde masse?

M. VALMONT.

Cela provient de la forme de ce rocher, qui ressemble assez à celle d'un œuf aplati, et de ce qu'il n'est appuyé que par le petit bout sur un autre rocher qui lui sert de base. Entre diverses sentences et pensées que les voyageurs y ont gravées, on lit :

Ainsi donc le plus élevé tremble aussi !

Nous savons qu'il existe un pont naturel formé par les sédimens des eaux d'une source ; on en trouve un bien plus considérable, composé d'une seule roche, qui traverse le fleuve du Niger, au royaume de Haoussa, devant le village de Boussa. Une partie de ce rocher est très-élevée, et il n'y a qu'une grande ouverture en forme de porte, par où l'eau s'écoule avec rapidité : c'est là que le célèbre et malheureux Mungo-Park termina sa vie et ses voyages. Le roi de Haoussa, d'après l'instigation du chef du village d'Yaour, avoit envoyé des soldats sur cette roche, pour arrêter le voyageur. Lorsqu'il arriva, les soldats l'attaquèrent aussitôt en lui jetant des pierres, des dards, des piques et des flèches. Mungo-Park se défendit long-temps. Deux de ses esclaves, placés à la proue de son canot, furent tués. La résistance devenant inutile, l'illustre voyageur se jeta dans l'eau pour se sauver ; mais le courant étoit si fort qu'il ne put le rompre : il fut englouti dans les eaux.

Dans le département du Jura, aux environs de Clairvaux, on voit un rocher d'environ huit cents pieds d'élévation. Ce qui le rend extrêmement curieux, c'est que sa partie supérieure offre des *fortifications naturelles* aussi bien figurées que si Vauban lui-même les avoit tracées. On y découvre des bastions, des flancs, des faces, des courtines et plusieurs rangs de batteries : c'est l'imitation exacte de nos citadelles.

Vous avez donc vu des *ponts*, des *chaussées*, des *temples*, des *forteresses*, formés par la seule nature ? Il me reste à vous parler d'un *méridien naturel* qui se trouve sur la montagne de Falzaber, au canton de Glaris, en Suisse. Cette montagne est si élevée, que le village d'Elm, qu'elle couvre, est privé, en hiver, de la vue du soleil pendant six semaines. Sur le haut de cette montagne se trouve un rocher percé d'un trou en rond qui forme le méridien. Les 3, 4 et 5 mars, et les 14, 15 et 16 septembre, le soleil passe derrière ce trou, on en voit le disque en plein ; les rayons s'élancent de toutes parts, et répandent sur la montagne leur éclat éblouissant : ce tableau produit un effet magique et des plus pittoresques.

ÉMILE.

J'en ai la gravure dans les estampes de mon optique ; elle offre en effet un coup d'œil des plus singuliers.

M. VALMONT.

Les habitans du village d'Elm disent

que ce trou peut avoir vingt-cinq pieds
de diamètre. On le voit commodément
de la maison du curé. De cette distance
où je l'ai vu, son diamètre paroît de
trois pieds. Dans le pays, on appelle ce
rocher percé *le Trou Saint-Martin*.

La nature ne se montre pas moins
admirable dans la création des minéraux, depuis le fer, ce métal si utile,
qui à peine sorti de la terre devient
l'instrument de sa fertilité, jusqu'à ces
pierres éclatantes qui, sous mille couleurs, étincellent dans les vêtemens des
souverains, sur la parure des belles, et
dont la mode, un luxe capricieux, exa-
gèrent ou diminuent arbitrairement la
valeur. Je dois donc vous dire un mot
des *mines*. C'est ordinairement dans les
plus sombres profondeurs de la terre,
que la nature compose lentement et
dans un profond silence, ces substances
d'or, d'argent, de cuivre, de fer, etc.,
que l'industrie de l'homme va chercher
jusqu'au fond de ces abîmes ; mais, par

une espèce de merveille, les filons (1) des mines d'or du Potosi, dans le Pérou, paroissent au dehors, et s'élèvent comme des roches sur la surface de la montagne. De là les richesses prodigieuses et presque incroyables que les Espagnols trouvèrent dans ce vaste empire, lorsqu'ils en firent la conquête. Tout étoit d'or dans le palais du roi Atabalipa, jusqu'aux moindres ustensiles de cuisine. Il y avoit dans les chambres des statues colossales, les unes d'or, les autres d'argent massif, et dans les vestibules des pyramides de lingots épais de la hauteur de quatre toises. Le bassin de la fontaine publique étoit d'or, et pesoit environ vingt-cinq mille marcs. Les toits, les portes, les murailles des temples des idoles et des palais des Incas étoient couverts de grosses lames d'or et d'argent. On parle d'une fa-

---

(1) On appelle *filons* les veines de la terre d'où se tire la matière propre à être fondue.

meuse chaîne d'or, longue de trois cent cinquante pieds, dont chaque chaînon étoit de la grosseur du poing, et que deux cents hommes des plus robustes pouvoient à peine soulever.

Du temps de l'empereur Frédéric III, on trouva dans la mine de Schneeberg, qui appartient à la maison de Saxe, un bloc d'argent d'une grosseur extraordinaire (1). Le duc Albert le voulut voir; il descendit dans la mine, fit mettre le couvert sur ce bloc précieux, et dit à ceux qui mangeoient avec lui: *L'empereur Frédéric est un puissant seigneur, mais vous conviendrez que ma table vaut mieux que la sienne.*

ÉMILE.

Je serois bien curieux de descendre dans ces mines.

---

(1) Le baron de Puffendorf estime cette masse d'argent à quatre cents quintaux; mais on a de la peine à croire une telle évaluation bien exacte.

M. VALMONT.

Je vais vous communiquer la relation du poëte dramatique Régnard, qui a visité la mine de Salsberyt, en Suède. Voici comment il raconte son voyage souterrain : « Cette mine, qui est près de la ville, a trois larges bouches, semblables à l'ouverture d'autant de puits, et dont il est impossible de voir le fond. La moitié d'un tonneau soutenu d'un câble, sert d'escalier pour descendre dans cet abîme. La grandeur du péril se conçoit aisément, puisqu'on n'est qu'à moitié dans un tonneau, dans lequel on n'a qu'une jambe ; qu'on se voit suspendu au bout d'un câble, et qu'on ne peut s'empêcher de songer que la vie dépend entièrement de la force ou de la foiblesse de ce cordage. Un satellite, noir comme un diable, tenant à la main une torche de poix et de résine, descend avec vous, et entonne tristement une chanson lugubre,

faite exprès pour cette descente infer-
nale. Quand nous fûmes vers le milieu
du précipice, nous sentîmes un grand
froid, et nous entendîmes des torrens
tomber de toutes parts. Après une demi-
heure de descente aussi pénible qu'effrayante, nous arrivâmes au fond du
premier gouffre. Là, nos craintes se
dissipèrent en partie, nous ne vîmes
plus rien d'affreux : au contraire, tout
brilloit d'un vif éclat dans ces régions
souterraines ; mais nos fatigues et nos
craintes n'étoient pas encore finies.
Nous descendîmes fort avant sous terre,
au moyen d'échelles extrêmement hautes, pour arriver dans un salon qui est
dans l'enceinte de cette caverne, soutenu de plusieurs colonnes du précieux
métal dont tous les parois sont revê-
tues. Quatre galeries spacieuses y viennent aboutir; et la lueur des feux qui
brillent de toutes parts, et qui sont
réfléchis par l'argent des voûtes et l'eau
limpide d'un clair ruisseau qui coule à

côté, ne sert pas tant à éclairer les travailleurs, qu'à rendre ce séjour plus magnifique que le palais de Plutus, placé par les poëtes au centre de la terre, et où ce dieu des richesses rassemble ses trésors. On voit dans ces galeries des gens de toutes les nations, qui recherchent avec les plus grandes peines ce qui fait le bonheur des autres hommes. Les uns tirent des chariots, d'autres roulent des pierres, d'autres s'efforcent d'arracher le métal du roc qui le renferme. C'est une ville sous une autre ville : là sont des maisons, des cabarets, des écuries, des chevaux; et ce qu'il y a de plus admirable, c'est un moulin qui tourne continuellement dans le fond de ce gouffre, et qui sert à élever les eaux hors de la mine. On remonte dans la même machine par où l'on est venu, pour aller voir les différentes opérations qui servent à épurer l'argent. »

CÉLESTE.

Si les parcelles d'or que roulent les
rivières sont un témoignage des richesses renfermées dans le sein des montagnes où filtrent leurs eaux, nous aurions donc en France des mines d'or ?

M. VALMONT.

Il est vrai, on a trouvé des veines
dans diverses provinces ; mais la petite
quantité d'or pur qu'ont produite les
premiers essais, a dégoûté les entre-
preneurs d'un travail si infructueux :
la France est plus riche en mines de
fer. Je ne vous parlerai plus maintenant que de la mine de sel de Williska,
en Pologne, et des mines de diamans
de Golconde. J'ai visité la première
dans un voyage que j'ai fait à Cracovie,
dont elle n'est éloignée que de deux
lieues. Nous nous étions réunis plusieurs François pour cette partie de
plaisir. Quand nous fûmes arrivés à

Williska, on nous donna quelques mineurs pour nous servir de guides, et l'on nous fit endosser une grande chemise de toile qui devoit garantir nos habits de la poussière qu'on fait voltiger en marchant dans les galeries. L'entrée de la mine se trouve sous un hangar. Cette entrée est un puits, n'ayant que huit pieds de diamètre, et dont la profondeur perpendiculaire est de plus de huit cents pieds. L'idée seule de descendre dans cet abîme nous fit frissonner; mais nous nous étions trop avancés pour reculer. Au-dessus de ce trou est une grande roue que des chevaux font tourner, et qui sert à descendre les curieux et à élever les blocs de sel que l'on détache de la mine. On commence par remuer une quantité de cordes et de sangles qu'on attache les unes au-dessus des autres au gros câble qui part de la roue; ces sangles ou bretelles sont arrêtées à des nœuds formés de distance en distance par le câble même; on s'assied sur une de ces sangles, on en passe une autre derrière le dos, et l'on se tient des deux mains au câble, que l'on entoure aussi des jambes, à la manière des couvreurs et des plombiers quand ils sont suspendus le long de quelques édifices : c'est de cette manière assez commode, mais véritablement effrayante, que l'on descend. Nous étions bien vingt personnes ainsi suspendues à la même corde, les unes après les autres, comme les grains d'un chapelet. Je frissonnois à chaque instant, en pensant que si cette corde se fût rompue nous aurions été précipités en un instant au fond de l'abîme ; on me rassura en me disant que ce câble portoit quelquefois plus de trente personnes ensemble. Nos conducteurs ayant allumé leurs lampes, et pris des bâtons pour contre-balancer le mouvement de la descente et empêcher de se heurter contre les parois du puits, on commença à nous faire descendre. Des gens restés en haut, entourant la bouche du puits, se mirent à entonner d'une voix triste et lamentable, l'endroit de la Passion où sont ces paroles : *Expiravit Jesus*, et continuèrent sur un ton plus effroyable encore le *De profundis*. J'avoue que pour lors tout mon sang se glaça ; il me sembloit qu'on m'enterroit tout vivant. Je voyois bien que ces chants et cet appareil lugubre n'étoient, de la part des mineurs, qu'un jeu pour augmenter l'effroi des étrangers ; mais ma raison ne pouvoit maîtriser mes sens. Cependant nous fîmes cette route extraordinaire sans le moindre accident.

Ayant quitté nos bretelles, nous descendîmes par un long chemin, quelquefois assez large pour que plusieurs voitures y pussent passer de front, quelquefois coupé en forme de degrés taillés dans le sel, qui ont la grandeur et la commodité de l'escalier d'un palais. Chacun de nous portoit un flambeau, et nos guides nous précédoient, des lampes à la main. La réflexion de ces lumières sur les côtés brillans de la mine, produisoit un effet des plus agréables; on eût cru que les murailles étoient incrustées de diamans.

On trouve dans le premier étage (car il y en a sept) un morceau d'architecture exécuté dans la masse même du sel : c'est une chapelle dédiée à Saint Antoine ; elle a environ trente pieds de longueur, sur vingt-quatre de largeur, et sur une hauteur de dix-huit. Ce morceau est vraiment digne de curiosité : non-seulement les degrés du marchepied de l'autel, mais l'autel et les colonnes torses qui l'ornent et soutiennent la voûte sont de sel ; tout ce qui sert d'ornement est de la même matière, comme le crucifix et les statues de la Vierge et de Saint-Antoine. A gauche en entrant dans cette chapelle, est aussi la statue, de grandeur naturelle, de Sigismond : elle est d'un sel transparent. A peu de distance de cette chapelle, on

en voit une autre plus petite, et dédiée
à Notre - Dame; et à soixante pas de
celle-ci, une autre encore, sous l'invo-
cation de Saint Jean-Népomucène. On
dit la messe dans ces chapelles certains
jours de l'année.

Nous descendîmes d'un étage à l'autre, et, parvenus dans le plus profond,
c'est-à-dire à près de mille pieds dans
les entrailles de la terre, nous vîmes
avec étonnement comme un peuple tout
entier occupé dans ces vastes souterrains. On ne nous laissa point aller seuls
dans ces manoirs ténébreux; on cour-
roit risque de s'égarer en traversant la
multitude de chemins et de galeries qui
s'y croisent, et forment comme un labyrinthe aux yeux de celui qui s'y
trouve pour la première fois. Plusieurs
des excavations d'où le sel a été tiré,
sont d'une immense étendue; quelques-
unes sont soutenues par des poutres,
d'autres par de grands piliers de sel qu'on
y a laissés dans ce dessein; d'autres,

quoique très-vastes, n'ont aucun support dans le milieu. J'en remarquai une de cette dernière sorte qui avoit bien quatre-vingts pieds de haut, et qui étoit si longue et si large, que dans cette obscurité souterraine elle sembloit n'avoir point de limites. On voit pendre tout le long de ces voûtes de l'eau de sel pétrifiée comme des glaçons qui pendent aux gouttières ; et lorsque cela a pris un corps assez dur pour être travaillé, on en fait des chapelets et d'autres petits ouvrages.

Les mines de Williska sont travaillées ordinairement par douze cents hommes, et quelquefois par deux mille. On y a compté jusqu'à quatre-vingts chevaux. Ces animaux y sont nourris, entretenus, et n'en sortent que lorsqu'ils sont hors d'état de travailler : l'air de ces souterrains est si rude, que ces animaux y deviennent aveugles en peu de temps. Chaque mineur a une hutte ; c'est une

chambre carrée, pratiquée de chaque
côté des galeries dans le sel, fermée
avec une porte de bois ordinaire : il y
serre ses ustensiles le soir, avant de
sortir de la mine.

Dans les premiers temps de l'exploi-
tation de cette mine, on condamnoit
les malfaiteurs à ces travaux. Ils ne sortoient point de ces souterrains ; leurs
femmes les y suivoient, et les enfans
qui naissoient étoient destinés à l'école
de la mine ; mais depuis long-temps
les travailleurs sont des ouvriers libres.
Ils remontent et descendent au moyen
d'échelles ordinaires, un peu inclinées,
et qui communiquent depuis le dehors
de la mine jusque dans la plus basse
galerie : s'ils étoient obligés de remon-
ter ou de descendre par la grosse corde,
deux heures ne suffiroient pas pour un
aussi grand nombre d'ouvriers. On
ignore depuis quel temps on tire du sel
de cette mine ; il en est fait mention

dans les annales de la Pologne dès l'an
1237, et l'on n'en parle point comme
d'une découverte récente.

Une chose qui m'a fort étonné, c'est
d'avoir vu dans la carrière la plus profonde une source d'eau douce et fraîche.
Elle file à travers une couche d'argile
sablonneuse d'environ trois pieds et
demi d'épaisseur, forme un petit ruisseau qui coule dans l'une des galeries
de ce souterrain, et sert à abreuver les
travailleurs et les chevaux.

Nous marchâmes pendant cinq à six
heures dans cette mine. Lorsque nous
eûmes satisfait notre curiosité, nous
remontâmes d'étage en étage jusqu'au
premier ; là nous reprîmes nos places
le long de la grosse corde, la roue
tourna, et nous nous vîmes de nouveau suspendus dans le long tuyau du
puits. Enfin, nous vîmes le jour, et ce
fut avec une véritable joie. Plusieurs
d'entre nous avouèrent que ces vastes
souterrains étoient très-curieux à voir,

mais que c'étoit bien assez d'y avoir voyagé une fois dans sa vie.

La plus célèbre des mines de diamans de Golconde est située à huit ou neuf journées de Visapour. C'est dans des roches placées au milieu d'un terrain sablonneux, que se trouvent ces petites pierres d'un si grand prix. Ces roches ont plusieurs veines, tantôt larges d'un demi-doigt, tantôt d'un doigt entier. Les mineurs sont armés de petits fers crochus par le bout, qu'ils fourrent dans ces veines pour en tirer le sable ou la terre, et c'est dans cette terre qu'ils trouvent les diamans. Les pierreries étant ce que la nature produit de plus brillant, elles entrent naturellement dans toutes les parures distinguées; elles forment surtout ces beaux diadèmes qui relèvent la majesté des têtes couronnées. Le plus beau diamant qui soit sorti de ces mines, pèse deux cent soixante-dix-neuf karats, et vaut environ douze millions : il appartient au Grand-Mogol. Mais ce qui m'engage surtout à vous parler de ces mines de diamans, ce sont les petits enfans qui y font le commerce. « C'est un spectacle agréable, dit le voyageur Tavernier, de voir paroître tous les jours, au matin, les enfans des maîtres mineurs et d'autres gens du pays, depuis l'âge de dix ans jusqu'à l'âge de quinze ou seize, qui viennent s'asseoir sous un gros arbre dans la place du bourg. Chacun d'eux a son poids de diamans dans un petit sac pendu d'un côté de sa ceinture, et de l'autre une bourse attachée, qui contient quelquefois jusqu'à cinq ou six cents pagodes d'or (1) : ils attendent qu'on leur vienne vendre quelques diamans, soit du lieu même ou de quelque autre mine. Quand on leur en présente un, on le met entre les mains du plus âgé de ces enfans, qui est comme le chef des autres ; il le

_____

(1) Une pagode vaut environ 5o sous.

considère soigneusement et le fait passer à son voisin, qui l'examine à son
tour. Ainsi la pierre circule de main en
main dans un grand silence, jusqu'à
ce qu'elle revienne au premier. Il en
demande alors le prix pour en faire le
marché, et s'il l'achète trop cher, c'est
pour son compte. Le soir, tous ces enfans font la somme de ce qu'ils ont
acheté. Ils regardent leurs pierres, et
les classent suivant leur valeur; ils mettent le prix sur chacune, à peu près
comme elles pourroient être vendues
aux étrangers; ensuite ils les portent
aux maîtres mineurs, qui ont toujours
quantité de parties à assortir; et tout le
profit se partage entre ces jeunes mar-
chands, avec cette seule différence que
le chef, ou le plus âgé, prend un quart
pour cent de plus que les autres.

ÉMILE.

Comment des enfans peuvent-ils faire
ces évaluations sans se tromper?

M. VALMONT.

Ils connoissent si bien le prix de toutes ces pierres, ajoute Tavernier, que si l'un d'eux, après en avoir acheté une, veut perdre demi pour cent, un autre est prêt à lui rendre aussitôt son argent.

———

CONCLUSION.

Mes enfans, à l'aide de mon petit manuscrit, vous connoissez maintenant les principaux monumens où la nature a déployé toute sa grandeur, toute sa majesté, toute sa magnificence. Ces connoissances générales vous inspireront sans doute le désir de vous instruire plus particulièrement encore : tel a été le but de l'auteur de mon petit livre. Il existe sur la surface du globe mille autres curiosités naturelles, mille autres beautés pittoresques; ouvrages

également merveilleux de la nature,
que vous apprendrez à connoître en
étudiant avec soin la géographie, et
en lisant les relations des plus célèbres voyageurs. Je vous le répète, cette
lecture est la plus intéressante et la
plus instructive à laquelle on puisse con-
sacrer ses momens de loisir. Surtout,
pénétrez-vous bien de ces paroles d'un
écrivain justement estimé : « Accumuler
dans sa tête toutes les particularités de
la nature sans en connoître l'auteur,
connoître tous les biens qu'il nous fait
sans en être plus religieux, c'est res-
sembler à ces avares ou à ces riches de
mauvais goût, qui ne savent point faire
usage de l'argent ni des meubles qu'ils
possèdent : ils entassent vaisselle sur
vaisselle, tapisseries sur tapisseries, et
font de leur maison un garde-meuble
sans être jamais meublés. Bien des personnes regardent l'histoire naturelle
comme un moyen propre à leur orner
l'esprit, d'autres s'y appliquent pour

prendre part aux disputes des savans,
quelques-uns pour former un cabinet,
la plupart pour se procurer un délas-
sement après des occupations pénibles;
le spectacle de la nature nous est donné
pour une fin plus noble : il tend à nous
rendre meilleurs, en nous inspirant un
tendre respect pour l'auteur de nos
biens. Dieu, en répandant la beauté
sur tous ses ouvrages, a voulu non-
seulement attirer nos yeux, mais encore nous toucher par ses bienfaits.
L'histoire naturelle est donc l'histoire
de ses présens; plus nous y faisons de
progrès, plus nous comprenons combien nous avons reçu ; mais savoir ce
qu'on a reçu, et perdre de vue son
bienfaiteur, c'est être savant et ingrat.
Nos connoissances ne sont estimables
qu'à proportion de la conduite et des
sentimens qui y répondent (1). »

Les enfans se jetèrent avec effusion

____

(1) Pluche, *Spectacle de la Nature.*

de cœur dans les bras de leur père, en
l'assurant qu'ils ne cesseroient pas un
seul instant de reconnoître le vrai mérite et le légitime usage de l'étude de la
nature. M. Valmont les embrassa ten-
drement , et les mena visiter l'arbre
extraordinaire qui étoit le but de leur
promenade.

FIN.

TABLE DES MATIÈRES.

Premier entretien. *Arbres, Plantes.*

Cèdres du mont Liban. Baobab. Cocotier. Figuier des Indes. Lagetto. Arbre à suif. Platane de Caligula. Poirier sans pareil. Charme de Grand-Mesnil. Grotte végétante. Chêne du roi Étienne. Arbre vert, — de Catinat. Chêne de Westphalie, — d'Allonville. Mûrier de Pontoise. Sapin du bois de Gillié. Chêne de Berlin. If de Fouillebec. Osier de Honfleur. Salle des Douze-Frères. Arbre de Moulin-Joli. Vieux châtaignier. Chêne royal. Arbre historique, — de Hagedorn, — de Klopstock. Saule de Johnson. Mûrier de Shakespeare. Chêne de Saint Louis. Châ-

FIN DE LA TABLE.